Inhaltsverzeichnis.

	Seite
Einleitung	1
A. Geschwulstbildung und Mutation	5
I. Die Mutationstheorie	5
1. Mutation in Keimzellen	6
2. Über Mutationen in Körperzellen	11
3. Geschwulstbedingende Mutationen beim Menschen	14
4. Ansätze zu einer Mutationstheorie der Geschwulstbildung im bisherigen Schrifttum	16
II. Anwendung der Mutationstheorie auf die Pathologie der Geschwülste	21
1. Formale Genese der Geschwülste im Lichte der Mutationstheorie	21
a) Die Änderung des inneren Zellcharakters bei der Entstehung der Blastomzelle	22
b) Geschwulstentstehung aus einer Urtumorzelle	25
c) Übertragung der Eigenschaften	25
d) Irreversibilität der Geschwulstentstehung	27
2. Morphologie der Geschwülste und Mutationstheorie	28
a) Zellteilung	29
b) Chromosomenverhältnisse	33
c) Geschwulstformen	40
3. Pathologische Physiologie der Geschwülste	45
a) Wachstumsautonomie	46
b) Malignität	46
c) Metastasenbildung	47
d) Rezidivbildung	48
III. Anwendung der Mutationstheorie auf die allgemeine Ätiologie der Geschwülste	49
1. Grundsätzliches	50
2. Exogene Faktoren bei der Geschwulstentstehung	52
3. Endogene Faktoren	56
4. Experimentelle Geschwulstforschung	63
5. Zufallsgeschehen bei der Geschwulstbildung und praktische Ausblicke	66
B. Schluß	70

MUTATIONSTHEORIE DER GESCHWULST-ENTSTEHUNG

ÜBERGANG VON KÖRPERZELLEN IN GESCHWULSTZELLEN DURCH GEN-ÄNDERUNG

VON

DR. MED. K. H. BAUER

A. O. PROFESSOR FÜR CHIRURGIE AN DER UNIVERSITÄT GÖTTINGEN

MIT 4 ABBILDUNGEN

BERLIN
VERLAG VON JULIUS SPRINGER
1928

ISBN-13: 978-3-642-98855-4 e-ISBN-13: 978-3-642-99670-2
DOI: 10.1007/978-3-642-99670-2

ALLE RECHTE, INSBESONDERE DAS DER ÜBERSETZUNG
IN FREMDE SPRACHEN, VORBEHALTEN.

COPYRIGHT 1928 BY JULIUS SPRINGER IN BERLIN.

Reprint 1988:

Einleitung.

Trotz aller Vielgestaltigkeit der Formen im einzelnen handelt es sich bei den Geschwülsten dem *Wesen* nach um etwas Einheitliches. Die vorliegende Arbeit versucht, dieses *Einheitliche aller Geschwülste* zu erfassen und so die ganze formale Geschwulstentstehung unter einen gemeinsamen, zusammenfassenden Gesichtspunkt zu bringen.

Die Geschwulstfrage kann von hundert Seiten her beleuchtet werden, dem elementarsten Wesen nach aber ist die *Geschwulstbildung ein Problem der allgemeinen Biologie*. Darauf weist schon die Tatsache hin, daß Geschwülste aller Art bei allen lebenden Organismen vorkommen.

So haben denn alle großen *Fortschritte der Biologie* alsbald auch das Tumorproblem auf eine neue wissenschaftliche Basis gestellt. Es sei nur daran erinnert, daß die eigentliche wissenschaftliche Erforschung der Geschwülste überhaupt erst mit BICHATS *Gewebelehre* beginnt. BICHAT lehrte in gleicher Weise den Aufbau der Organismen aus zahlreichen Geweben, wie er andererseits diese Lehre sogleich auf die Geschwülste anwandte, bei denen er als erster Stroma und Parenchym unterschied.

Besonders aber sei verwiesen auf den letzten großen Fortschritt der Biologie des vorigen Jahrhunderts, auf die SCHWANNsche *Entdeckung der Zelle* und ihre Auswirkung in der Zellularpathologie VIRCHOWS. Diese Ära, die die Zusammensetzung aller Organismen aus einzelnen Zellen lehrte, brachte zugleich den größten Fortschritt für die Geschwulstlehre selbst, die Zellforschung des Tumoraufbaus und die Zelltheorie der Tumorentstehung.

Es ist in diesem Zusammenhang bezeichnend, daß VIRCHOWS[1] „Zellularpathologie" mit einem Abschnitt über „pathologische Neubildung bei Tieren und Pflanzen" abschließt. Wenn wir selbst mit der gleichen Tatsache des Vorkommens von Tumoren bei allen Lebewesen nicht abschließen, sondern beginnen, so ist damit ausgesprochen, daß wir von neuen grundsätzlichen *Fortschritten der*

---

[1] VIRCHOW, R.: Die Zellularpathologie. 2. Aufl. 1859.

Biologie auch eine grundsätzliche Rückwirkung auf die Geschwulstforschung erhoffen.

Die Fachbiologen sind sich nun darin einig, daß hinsichtlich einer allumfassenden Bedeutung den nächstgrößten Fortschritt seit der Entdeckung der Zelle die MENDELsche *Entdeckung des Grundgesetzes der Vererbung* darstellt. Was liegt also näher, als auch diesen neuen großen biologischen Fortschritt auf seine Rückwirkung auf das Geschwulstproblem zu untersuchen und so die *Bedeutung der modernen Vererbungslehre für die Geschwulstforschung* zu prüfen?

Die bisherige Rückwirkung der Genetik auf das Tumorproblem ist fraglos bis heute noch nicht sehr groß. Hauptschuld daran trägt die anfänglich falsche Richtung, in der nach Berührungsflächen gefahndet wurde und vor allem die irrtümliche und darum vergebliche Suche nach einer „Vererbung des Krebses" und nach seinem Vererbungsmodus. Wohl hat die Frage erblicher Anlagen zu Gewebsanomalien, die Geschwulstentstehung begünstigen, eine Berechtigung — es wird davon zu sprechen sein (s. S. 56) — aber am Ganzen gemessen ist das nur eine Teilfrage, die den eigentlichen Kernpunkt, um den sich die Geschwulstfrage erbbiologisch betrachtet dreht, nicht berührt.

Geschwulstforschung und Genetik begegnen sich vielmehr auf dem Gebiete der modernen *Fortschritte der Zellforschung*: der Lehre von der Rolle des Zellkerns und der Chromosomen im Leben der Zelle usf. Der letzte und unmittelbare Berührungspunkt ist jedoch erst das neue große Tatsachen- und Forschungsgebiet der *Entstehung neuer Zelleigenschaften*, und zwar nicht äußerer, sondern innerer neuer Zelleigenschaften, die von der Neuentstehung an sogleich konstant auf alle Zellnachkommen weiter übertragen werden.

Auf dem einen Gebiet steht als die immer und immer wieder bestätigte Erfahrungstatsache der *Geschwulstpathologie* über die formalen Anfänge jeder Geschwulst: die *innere Wesensänderung der Körperzelle bei ihrem Übergang in eine Geschwulstzelle* oder wie es BORST[1] formuliert: „Das Primäre und Ausschlaggebende ist die *Abartung* der eigenen Kräfte, ist eine *innere Umwandlung*, welche die Körperzelle von Grund aus umgestaltet, wenn sie zur Geschwulstzelle wird."

---

[1] BORST, M.: Allgemeine Pathologie der malignen Geschwülste. Leipzig 1924. S. 4.

Auf der anderen Seite steht das heute bereits schon unübersehbare Tatsachenmaterial der experimentellen *Vererbungswissenschaft*, die uns lehrt, daß eine fundamentale *innere Wesensänderung* von Zellen, Körper- wie Keimzellen, nur möglich ist, wenn eine sogenannte *Mutation* eintritt.

Solche *Mutationen* sind plötzlich auftretende *Änderungen* im Chromosomenbestand des Zellkerns bzw. in den letzten stofflichen Einheiten der Chromosomen, also *Änderungen von Erbfaktoren oder Genen*. Diese Änderungen werden in der abgeänderten Form bei der Teilung der mutierten Zellen dank dem Mechanismus der Zellteilung auf alle Tochter-, Enkel- usw. zellen übertragen, sie bedingen entsprechend der stofflichen Änderung der Gene zugleich zwangsläufig Änderung der funktionellen Eigenschaften der Zelle. Eine *mutierte Zelle* ist somit *ein in seinem Gen- und Chromosomenbestand gegenüber der Ausgangszelle abgeändertes Zellindividuum*.

Es leuchtet ein, daß die Versuchung, den Übergang einer Körperzelle in eine Geschwulstzelle mit einer Änderung der Gene im Zellkern somatischer Zellen zu identifizieren, von vornherein groß ist. Es hat denn auch an solchen Versuchen und Ansätzen zu einer Mutationstheorie der Geschwülste nicht gefehlt (s. S. 16). Von einem systematischen Ausbau aber, geschweige denn einer Anerkennung einer solchen Anschauung kann heute keine Rede sein.

Auf Grund der großen Erklärungskraft hat auch Verfasser selbst schon 1923[1] auf die Möglichkeit der Geschwulstentstehung auf dem Wege über die Mutation normaler Körperzellen hingewiesen. Immerhin sind Analogien noch keine Beweise.

Den entscheidenden letzten Anstoß, das klinische und pathologische Tatsachengebiet der Geschwulstentstehung unter dem Gesichtswinkel der Mutationstheorie zu betrachten und darzustellen, gab erst eine auf völlig andersartigem Wege gewonnene, neue Analogie der experimentellen Mutationsforschung.

Es bedeutet eine grundlegende Entdeckung der allerjüngsten Zeit, daß es dem amerikanischen Zoologen MULLER[2] in Texas gelungen ist, *Mutationen experimentell* mit großer Regelmäßigkeit und Sicherheit zu erzeugen.

---

[1] BAUER, K. H.: Allgemeine Konstitutionslehre. In: KIRSCHNER-NORDMANN: Die Chirurgie 1, 329.

[2] MULLER, H. J.: Arteficial transmutation of the gene. Science **64**, 84—87. 1927.

Die für das Geschwulstproblem dabei maßgebende Tatsache ist nun die, daß die experimentellen *Mutationen durch Röntgenstrahlen* erzeugt wurden. Wir wissen andererseits, daß die gleichen Röntgenstrahlen, die in den Keimzellen Mutationen erzeugen, in den Körperzellen „Röntgenkrebs" hervorzurufen imstande sind, und es erscheint daher auch von diesem ganz neuen Gesichtspunkt aus nun doppelt geboten, zu prüfen, ob und inwieweit die Vorgänge in den Keimzellen im Experiment und die Vorgänge in den Körperzellen bei der Tumorgenese in eine Ebene gebracht und so die *Geschwulstentstehung* als eine *Mutation in den Körperzellen* aufgefaßt, d. h. *alle Erscheinungen letzten Endes auf plötzlich auftretende Veränderungen im Gen- und Chromosomenbestand der Körperzellen zurückgeführt werden dürfen.*

Unsere *Aufgabe* geht also dahin, zunächst rein als *Arbeitshypothese* die Frage der Entstehung der Geschwülste auf dem Wege von Genänderungen zu prüfen und die gesamten bekannten Tatsachen der allgemeinen Geschwulstpathologie daraufhin zu untersuchen, inwieweit sie die Theorie stützen bzw. widerlegen. Das Problem „Vererbungslehre und Geschwulstforschung" wandert damit ganz von selbst -von der wenig fruchtbaren Erbgangsforschung und der Kasuistik hinüber auf das Gebiet der neuen Vererbungszell-, insbesondere der Chromosomen- und Genforschung und auf die Mutationstheorie.

Ganz von selbst treten allmählich Morphologie und Biologie, formale und kausale Genese der Geschwülste, experimentelle Geschwulstforschung und schließlich Ausblicke in die Vorbeugung und Behandlung der Geschwülste in den Kreis der Betrachtungen.

Die Arbeit selbst will verstanden sein als ein erster Entwurf zur Entwicklung einer biologischen Theorie des Geschwulstproblems, und es soll uns selbst nur eine Freude sein, wenn spätere weitere Vertiefung unserer Erkenntnisse und die Aufdeckung neuer Zusammenhänge die Inneneinrichtung da und dort zu revidieren Veranlassung gibt, heute aber schon sind wir fest davon überzeugt, daß der *Grundgedanke* der Arbeit — *die Gene der Zellen sind die Träger der Geschwulsteigenschaften* — die fruchtbarste und zugleich einfachste Betrachtungsweise des Geschwulstproblems darstellt und manche der bisherigen Geschwulsttheorien überwinden, andere als der weitumfassendere biologische Rahmen sich einordnen wird.

Da die Anwendung der gen-biologischen Betrachtungsweise auf ein neues Fragengebiet die Kenntnis ihrer Grundlagen voraussetzt, so sei im nächsten Abschnitt zunächst die vererbungsbiologische Seite der Theorie soweit kurz dargestellt, als es für das Verständnis des Mutationsvorganges selbst notwendig erscheint.

A. Geschwulstbildung und Mutation.
I. Die Mutationstheorie.

Der sogenannte *klassische Mendelismus* hat den Nachweis geführt, daß die Erbmasse, die in den Keimzellen von Generation zu Generation weitergegeben wird, aus einzelnen selbständigen Elementareinheiten, den Erbfaktoren oder Genen, zusammengesetzt ist und nach einfachen Zahlengesetzen aufgeteilt und wieder neu kombiniert wird.

Darüber hinaus hat sodann die *Vererbungszellforschung* im Verein mit dem Kreuzungsexperiment die Unterlagen dafür beigebracht, daß jene Erbeinheiten in den Zellkernen, und hier wiederum in den Chromosomen und Einzelbestandteilen der Chromosomen, den sogenannten Chromomeren, lokalisiert sind, und daß alle heute ermittelten Vererbungsgesetze in den feinsten Zellstrukturen und ihren Regulationsmechanismen ihre eindeutige cytologische Erklärung finden.

Morphologisch und physiologisch läßt sich das *Wesen der Gene* heute dahin zusammenfassen: Den Genen entspricht *morphologisch* ein kleinstes, aber quantitativ genau bestimmtes, in den Zellen, hier wiederum im Zellkern und hier in den Chromosomen, an bestimmten Stellen des Chromosoms gelegenes Stückchen Chromosomensubstanz. Jedes derartige Stückchen Chromosomensubstanz, jedes einzelne Gen hat *funktionell* eine streng spezifische und nur diese spezifische Wirkung auf die Ausbildung einer oder zahlreicher Funktionen und Formausbildungen des Organismus.

Daß uns die chemisch-physiologische *Natur der Gene* letzten Endes noch nicht bekannt ist, liegt bei der Zusammendrängung vieler Hunderte von Genen in einen Zellkern auf der Hand. GOLDSCHMIDT[1] tritt im Anschluß an HAGEDOORN dafür ein, daß die Gene

---

[1] GOLDSCHMIDT, R.: Einführung in die Vererbungswissenschaft. 5. Aufl., Berlin 1928. S. 522.

als Autokatalysatoren oder als Produzenten von Katalysatoren (PLUNKFTT, MORGAN und neuerdings GOLDSCHMIDT) anzusehen seien. Ebenso wie die Gene in den *Keimzellen* für die Übertragung der Eigenschaften auf nachfolgende Generationen, so sind in den *Körperzellen* die gleichen Gene als Träger der hauptsächlichsten Eigenschaften der Zellen anzusehen.

1. Mutation in Keimzellen.

Die Gene sind nun sowohl in den Keimzellen wie in den Körperzellen relativ stabil. Es kommt aber bei aller Konstanz der Gene doch immer wieder zu gelegentlichen plötzlichen, diskontinuierlichen Veränderungen innerhalb der Chromosomensubstanz oder zu *Mutationen* (DE VRIES)[1, 2], d. h. quantitativen und qualitativen *Veränderungen von Genen*, die von nun an *in der veränderten Form* auf die Zellnachkommen vererbbar sind.

Die *Mutation* ist also ein durch äußere und innere Einwirkungen zustandekommender Vorgang, der bisherige erbliche Eigenschaften ändert und damit der betreffenden Zelle neben den bisherigen noch neue Eigenschaften verleiht, Eigenschaften, die dadurch ausgezeichnet sind, daß sie in der Neuartigkeit auf alle weiteren Zellnachkommen übertragen werden.

Es bedeutet grundsätzlich keinen Unterschied, ob sich die Mutation im Keimplasma einer Keimzelle oder im Keimplasma einer Somazelle abspielt. Jedesmal ist das Ergebnis das gleiche: eine bald einheitliche, bald komplexe Summe neuer Eigenschaften, die von nun an einen integrierenden Bestandteil aller Zellnachkommen bilden. Im Gegensatz zu der bloß äußerlich geänderten Zelle (Zellenmodifikation, s. S. 22) als Ausdruck einer Anpassung an veränderte Außenbedingungen ist die *mutierte Zelle* stets eine in ihrem Zellerbgut, mindestens in einem Gen und damit in ihrer inneren Konstitution gegenüber der Ausgangszelle abgeändertes Zellindividuum.

Man unterscheidet mit GOLDSCHMIDT[3] nach seinem Referat auf dem Vererbungskongreß in Wien 1922 *drei Formen der Mutation*:

---

[1] DE VRIES, H.: Die Mutationstheorie. Leipzig 1901 und 1903.
[2] Ders.: Die Grundlinien der Mutationstheorie. Naturwissenschaften 1916. S. 593.
[3] GOLDSCHMIDT, R.: Das Mutationsproblem. Verhandl. d. dtsch. Ges. f. Vererbungswissensch. In: Zeitschr. f. indukt. Abstammungs- u. Vererbungslehre 30, 4—12. 1923.

1. Die Veränderung eines einzelnen Gens,
2. die Veränderung einer Gruppe von Genen in einem bestimmten Chromosomenabschnitt,
3. die Veränderung ganzer Chromosome, beginnend mit einem Chromosom, sei es durch Ausfall oder Verdoppelung, endigend mit der Verdoppelung des ganzen Chromosomensatzes.

Wir können diese drei Formen kurz auch als unifaktorielle oder Genmutationen schlechthin, als multifaktorielle und als chromosomale Mutationen unterscheiden.

Die Beweise der Biologie für *Genmutationen* als Änderung einzelner Gene sind heute tausendfältig, allein bei der Taufliege *Drosophila melanogaster* (MORGAN [1]) sind dank der schnellen Generationsfolge und leichten Züchtbarkeit über 400 solcher Mutationen einzelner Erbfaktoren bestimmt und analysiert, und auch bei zahlreichen anderen Organismenarten sind viele Dutzende solcher unifaktorieller Mutationen nachgewiesen. Sie zeigen im Kreuzungsexperiment in den Zuchten einfache Mendelspaltung mit den reinerbigen Ausgangsformen und stellen weitaus die häufigste Mutationsform dar.

Es bedarf an sich keiner Worte, daß wir diese Genmutation den Zellen selbst morphologisch natürlich nicht ansehen, sondern sie nur an den Abweichungen der Nachkommen, also nur an der Mutationswirkung nachweisen können.

Bezüglich *multifaktorieller Mutationen*, also gleichzeitiger Änderung aller Gene eines Chromosomenabschnittes („Komplexmutationen", NILSSON-EHLE)[4], ist naturgemäß das Beobachtungsmaterial nicht so groß, immerhin ist auch diese Mutationsform durch *Versuche von* BRIDGES[2], O. L. MOHR[3], NILSSON-EHLE[4] u. a. sicher erwiesen. Der gruppenweisen Mutation benachbart gelegener Gene kommt eine besondere Bedeutung zu, da sich die betreffenden mutierten Zellen gleich in einer größeren Reihe von Funktionen von der Ausgangszelle unterscheiden.

---

[1] MORGAN, TH. H.: Die stoffliche Grundlage der Vererbung. Deutsche Ausgabe von H. N. NACHTSHEIM. Berlin 1921.
[2] BRIDGES, C. B.: Deficiency. Genetics 2, 445—465. 1917.
[3] MOHR, O. L.: Das Deficiency-Phänomen bei *Drosophila melanogaster.* Verhandl. d. dtsch. Ges. f. Vererbungswiss. 1922. S. 23.
[4] NILSSON-EHLE, H.: Multiple Allelomorphe und Komplexmutationen beim Weizen. Hereditas 1, 277—311. 1920.

Durch *chromosomale Mutationen* können in der Natur durch Verdoppelung eines oder aller Chromosomen vollständig neue Formen entstehen, Formen, die dann beständig bleiben, wie z. B. die berühmten Gigasformen bei Pflanzen, deren Riesenformen mit der Chromosomenzahl direkt zusammenhängen. Der mutative Verlust eines oder mehrerer, Gewinn einer oder mehrerer Chromosomen usf. ist aber nicht nur im Zuchtversuch, sondern auch cytologisch nachweisbar.

Alle diese chromosomalen Mutationen haben die große Bedeutung, daß sie — entsprechend günstige Chromosomenverhältnisse vorausgesetzt — mikroskopisch sichtbar werden können. Abgesehen von der Verdoppelung und Vervielfachung der Chromosomenzahl ist es besonders die Vermehrung und Verminderung um je ein Chromosom, die bereits cytologisch und damit sinnfällig die Änderung der Chromosomen demonstriert.

Die *Häufigkeit der Mutation* ist sicher größer als man ursprünglich annahm. Noch 1922 referierte GOLDSCHMIDT Versuche von MULLER und ALTENBURG, die die betreffenden Autoren annehmen ließen, jedes Gen mutiere nur einmal in 2000 Jahren. Es hat sich jedoch gezeigt, daß mit der zunehmenden Kenntnis der Versuchsobjekte und ihrer Anlagenkonstitution gerade bei den am genauesten untersuchten Objekten, wie der *Drosophila* MORGANS, des *Antirrhinums* E. BAURS[1,2], der *Oenothera* von DE VRIES[3], des *Linum usistatissimum* von T. TAMMES[4] usw. immer häufiger und immer mehr auch kleinere Mutationsschritte und insbesondere auch gleiche Mutationen bei derselben Art wiederholt beobachtet werden. Und während DE VRIES die Häufigkeit anfangs noch mit 1,5% Häufigkeit für insgesamt sieben Mutationen bei *Oenothera* berechnete, kam E. BAUR bei Berücksichtigung der sogenannten Kleinmutationen 1924 zu dem Ergebnis, das nahezu 10% der Nachkommen eines ursprünglich reinerbigen Ausgangsindividuums Mu-

---

[1] BAUR, E.: Die Bedeutung der Mutation für das Evolutionsproblem. Verhandl. d. dtsch. Ges. f. Vererbungswiss. 1924. S. 5.

[2] Ders.: Untersuchungen über das Wesen, die Entstehung und Vererbung von Rassenunterschieden bei *Antirrhinum majus*. Bibliotheca Genetica. 4. Berlin 1924.

[3] DE VRIES, H.: Die Mutabilität von *Oenothera Lamarckiana gigas*. Zeitschr. f. indukt. Abstammungs- u. Vererbungslehre **35**, 197. 1924.

[4] TAMMES, T.: Mutation und Evolution. Zeitschr. f. indukt. Abstammungs- u. Vererbungslehre **36**, 417—426. 1925.

tationen aufweisen. Heute ist man denn auch allgemein der Ansicht, daß der Mutationsvorgang, wenn man es vorsichtig formuliert, „weitverbreitet ist" (MORGAN, l. c. S. 212).

Bezüglich der *Entstehung der Mutationen* ist erwiesen, daß sie ganz überwiegend oder sogar ausnahmslos auf der Höhe der Zellteilung eintreten, eine Zeitspanne, von der wir auch aus der menschlichen Röntgenologie wissen, daß sie der größten Empfindlichkeit der Zelle für äußere Einwirkungen entspricht. Hinsichtlich der *ursächlichen Bedingtheit* bestand bis vor kurzem völlige Unklarheit. Noch 1922 gestand GOLDSCHMIDT (l .c.) bezüglich der Verursachung resigniert ein: „Wenn wir ehrlich sein wollen, können wir sagen, daß wir darüber nichts, rein gar nichts wissen." Zwar lagen vielzitierte Versuche von TOWER über die experimentelle Erzeugung von Mutationen durch Temperatureinwirkungen an Koloradokäfern vor, doch waren alle solche experimentellen Versuche mehr als umstritten.

Es bedeutet somit einen grundlegenden Fortschritt, als HARRISON und MULLER (l. c.) die experimentelle Erzeugung von Mutationen gelang und sie damit den Beweis der Abhängigkeit der Mutation von äußeren Einwirkungen erbrachten.

HARRISON[1] und GARRETT erzielten bei verschiedenen Schmetterlingen durch Verfütterung von mangan- und bleisalzgetränkten Blättern eine recessive, Melanismus der Flügel bedingende Mutation.

MULLER[2] bestrahlte Sperma von *Drosophila*, er erzielte auf diese Weise über 100 Mutationen, die durch drei und mehr Generationen verfolgt wurden. Die Mehrzahl der Mutationen waren Letalfaktoren, d. h. Genänderungen, die mit dem Leben der Zelle oder der Organismen nicht vereinbar waren. Das Überraschende ist einerseits die große Häufigkeit der Mutation und die Übereinstimmung mit den spontan entstandenen.

Es ist keine Frage, daß mit der experimentellen Erzeugung von Mutationen ein großer Schritt vorwärts getan ist und daß sich über Wesen und Ursachen der Mutation wohl bald weitere und genauere Angaben werden machen lassen.

---

[1] HARRISON, J. W. H. und GARRETT, F. C.: The induction of melanism in the Lepidoptera and its subsequent inheritance. Proc. of the Roy. Soc. of London **99**, 241—263. 1926. —
[2] MULLER, H. J.: Arteficial transmutation of the gene. Science **66**, 84. 1927.

Die Frage, ob *Mutationen beim Menschen* vorkommen, ist für den Biologen müßig, denn als Lebewesen unter Lebewesen unterliegt der Mensch selbstverständlich allen Gesetzen der Biologie. So haben denn auch NÄGELI[1, 2] 1920 und 1922 und Verfasser 1922 an den Beispielen der Hämophilie[3] und erblichen Systemerkrankungen[4] und seitdem bei verschiedenen Anlässen[5] dargetan, daß alle beim Menschen monohybrid vererbbaren Krankheiten und Anomalien ihre Entstehung Mutationen einzelner Gene verdanken. Insbesondere in dem programmatischen Aufsatz „Genpathologie"[6] wurde ausführlicher dargestellt, daß uns der Nachweis der Erbfaktoren mit einer völlig neuen biologischen Elementareinheit, dem Gen, vertraut macht, daß uns die Lehre von den Mutationen eine neue, noch über die befruchtete Eizelle zurückreichende progame ätiologische Betrachtungsweise ermöglicht. Mit dem *Gen* als einem neu nachgewiesenen letzten fundamentalen *Funktionselement aller lebendigen Erscheinung* dringen wir mit einer Genbiologie in die Grundlagen jeder individuellen Konstitution in Gestalt der Erbfaktorenkombination und mit der Genpathologie in die Analyse der krankveranlagten individuellen Konstitution ein.

Wenn auch der Nachweis, *wann* und bei welchen Individuen eine Mutation entstanden ist, im Einzelfalle selbst, besonders bei recessiver Mutation sehr schwierig sein kann (vgl. HANHART[7], JUST[8]), so ist doch generell klar, daß *alle* heute bekannten *monohybrid vererbbaren* menschlichen *Krankheiten*, Anomalien und Mißbildungen erstmals auf die *Mutation* eines entsprechenden bis dahin normalen Gens in einer Keim- oder Urkeimzelle zurückzuführen sind.

---

[1] NÄGELI, O.: Die DE VRIESsche Mutationstheorie in ihrer Anwendung auf die Medizin. Zeitschr. f. d. ges. Anat., Abt. 2: Zeitschr. f. Konstitutionslehre **1**, 6. 1920.

[2] Ders.: Allgemeine Konstitutionslehre in naturwissenschaftlicher und medizinischer Betrachtung. Berlin 1927. S. 23 ff.

[3] BAUER, K. H.: Zur Vererbungs- und Konstitutionspathologie der Hämophilie. Dtsch. Zeitschr. f. Chirurg. **176**, S. 109. 1922.

[4] Ders.: Erbkonstitutionelle „Systemerkrankungen" und Mesenchym. Klin. Wochenschr. Nr. 14. 1923.

[5] BAUER, K. H. und WEHEFRITZ: Gibt es eine Hämophilie beim Weibe? Arch. f. Gynäkol. **121**, 462. 1924.

[6] BAUER, K. H.: Genpathologie. Bruns' Beitr. z. klin. Chirurg. **135**, 96. 1925.

[7] HANHART, E.: Über die Bedeutung der Erforschung von Inzuchtsgebieten usw. Schweiz. med. Wochenschr. 1924. Nr. 50, S. 1143.

[8] JUST, G.: Ergebn. d. ges. Med. **9**, 475—504. 1927.

Das Vorkommen von *Mutationen beim Menschen* ist absolut sicher, und ihre Bedeutung wird auch in zunehmendem Maße in der Medizin erkannt. Die große Frage für die Geschwulstentstehung ist aber die: Gibt es beim Menschen überhaupt *Mutationen somatischer Zellen* und gibt es beim Menschen *tumorbedingende Mutationen?*

2. Über Mutationen in Körperzellen.

Für das Tumorproblem ist die Frage von entscheidender Bedeutung, ob solche *Mutationen*, deren Vorkommen in den Keimzellen tausendfältig erwiesen ist, auch *in den Körperzellen* vorkommen können. Man kann hierzu schon a priori sagen, daß es ungemein auffällig erscheinen müßte, wenn der grundlegende biologische Vorgang der Genänderung nur in den Chromosomen der Urkeimzellen möglich und in allen übrigen Zellen unmöglich sein sollte.

Relativ einfach liegen die Verhältnisse bei den *Knospenmutationen* der Pflanzen. So beschrieb schon LINNÉ in seiner Flora lapponica eine Knospenmutation; eine blau blühende Polemoniumpflanze, die einen Sproß mit weißen Blüten zeigte (c. n. DAHLGREEN[1]).

Lassen wir nun einen Botaniker, E. BAUR, eine derartige für den Mutationsvorgang in somatischen Zellen so wichtige Beobachtung einer Knospenmutation selbst schildern: E. BAUR[2] sagt: Bei der gemeinen Wiesenlichtnelke, Melandrium, hängt das normale Grün der Blätter ab von einer Reihe von mendelnden Faktoren. „Fehlt ein gewisser Grundfaktor X, dann ist die Pflanze weißblätterig, auch wenn alle anderen Faktoren für grün vorhanden sind. Ich besaß nun eine Pflanze, die Xx, d. h. heterocygotisch in diesem Faktor war... Auf dieser Xx-Pflanze *trat aus unbekannten Gründen an einem Aste ein rein weißer Sektor auf, und die ganze vegetative und sexuelle Deszendenz dieses Sektors erwies sich als xx.* Es muß also im Vegetationspunkte dieses Astes mindestens eine Zelle zu xx geworden, d. h. es muß eine Mutation erfolgt sein."

E. BAUR führt weitere eigene und Beispiele von FRUWIRTH und BATESON an. Hinsichtlich der allgemeinen Gültigkeit des muta-

---
[1] DAHLGREEN, O.: Vererbungsversuche mit *Polemonium coeruleum.* Hereditas 5, 17. 1924.
[2] BAUR, E.: Einführung in die experimentelle Vererbungslehre. 3. u. 4. Aufl. 1919. S. 287.

tiven Prinzips in somatischen Zellen sei endlich noch das Zeugnis eines weiteren führenden Genetikers angeführt. So schreibt z. B. R. Goldschmidt (l. c.): „Nun kann es aber auch keinem Zweifel unterliegen, daß die Mutation in den Genen somatischer Zellen stattfinden kann. Gerade in den letzten Jahren hat sich viel Material angehäuft, das diesen Vorgang sicherstellt. Correns, Emerson, Blakeslee und Baur haben solche Fälle beschrieben, aus denen mit Sicherheit hervorgeht, daß dominante wie recessive Mutationen in irgendwelchen Zellen auftreten können." . . .

Das *Wesen* dieser somatischen oder „vegetativen" Mutationen bei Pflanzen und Tieren liegt also darin, daß diese Mutationen nicht in Keimzellen, sondern in irgendwelchen Körperzellen auftreten und daß von ihrem Auftreten an allen von ihnen weiter abstammenden Zellen die neuen, abweichenden Eigenschaften übertragen werden.

Solche *Mutationen in Körperzellen* spielen auch *beim Menschen*, wenn wir zunächst von der Geschwulstbildung ganz absehen, eine große Rolle, wenn auch die zugehörigen Beobachtungstatsachen bislang anders gedeutet oder nicht beachtet wurden.

Wir gehen aus von der Tatsache, daß es beim Menschen eine ganze Reihe von Krankheiten und Anomalien, wie universellen Albinismus, multiple Exostosen, Chondrodystrophie, polycystische Entartung innerer Organe, generalisierte Ostitis fibrosa usw. gibt, die alle in gleicher Weise dadurch ausgezeichnet sind, daß sie einerseits ausgesprochen erblich sind und andererseits stets ein ganzes Zell- oder Gewebssystem betreffen, sich also multipel und systematisiert auswirken.

Da alle diese erblichen Anomalien immer wieder in bis dahin völlig gesunden Familien plötzlich auftreten, dann aber streng vererbbar sind, ist der Schluß zwingend, daß es sich um sichere *Mutationen in Keimzellen*, und zwar entsprechend der monohybriden Vererbung um unifaktorielle oder Genmutationen handelt.

Gegenüber diesen systematisierten Krankheitsformen gibt es nun andererseits auch *örtlich beschränkt auftretende Formen* der gleichen Grundstörung, z. B. einen partiellen Albinismus eines Auges, solitäre Exostosen, einzelne Knochencysten, einseitige Cystennieren usw.

Diese im Gegensatz zu den generalisierten, örtlich beschränkten Formen sind dadurch ausgezeichnet,

1. daß sie so gut wie stets nur in der Einzahl auftreten,
2. daß sie niemals ererbt und vererbbar sind,
3. daß sie morphologisch mit den generalisierten Formen wesensidentisch sind.

In all diesen und ähnlichen Fällen befand sich die Medizin hinsichtlich der *ätiologischen Deutung* in Verlegenheit. Wir wollen uns nicht lustig machen über mittelalterlich naive Vorstellungen, die solche Systemerkrankungen, wenn sie multipel auftreten, auf allgemeinen, wenn sie solitär auftreten, auf örtlichen Druck eines zu engen Amnions bezogen und die Tatsache der Vererbbarkeit des Leidens mit der Vererbbarkeit eines zu engen Amnions erklärten, wir müssen aber feststellen, daß es eine befriedigende Deutung für die angeführten Tatsachen nicht gab. Zumeist ging man der Schwierigkeit damit aus dem Wege, daß man sich mit der Feststellung begnügte, daß die betreffende Krankheit eben bald multipel und erblich, bald solitär auftritt.

Es handelt sich bei allen diesen wesensidentischen Fehlbildungen, die bald generalisiert, bald örtlich beschränkt auftreten, um den gleichen Vorgang wie bei den Knospenmutationen der Pflanzen: Dieselbe Mutation, die dann, wenn sie in den *Keimzellen* auftritt, *erblich* ist und sich bei den Trägern der Mutation über das ganze von ihr abhängige Gewebssystem ausbreitet, die gleiche Mutation wirkt sich dann, wenn sie in den *Körperzellen* auftritt, nur örtlich beschränkt aus in den Zellen, die von der erstmutierten Zelle abstammen, sie bedingt dank der Änderung des gleichen Gens das gleiche morphologische Bild, ist aber natürlich niemals vererbbar, da sie ja als Mutation somatischer Zellen nicht der Keimbahn angehört.

Es wird zuzugeben sein, daß diese Deutung ebenso einfach wie überzeugend ist. Immerhin ist eine große Erklärungskraft noch kein Beweis. Bedenken wir aber, daß solche „vegetative" Mutationen bei den verschiedensten Organismen nachgewiesen und daß sie als allgemeines Prinzip in der Biologie widerspruchslos anerkannt sind, so muß schon per analogiam auch für den Menschen als Lebewesen unter Lebewesen das Vorkommen gleichfalls als gesichert gelten. Bedenken wir nun weiter, daß bei den systematisierten Formen Mutation erwiesen und daß bei den solitären Formen das morphogenetische Produkt identisch ist, so erhebt sich für diese Formen der Schluß auf Änderungen des gleichen Gens in somatischen Zellen auf die höchste Stufe des Beweises, der der Medizin in solchen Fragen der Biologie überhaupt möglich ist, nämlich den der vollkommenen Analogie mit den in der Biologie experimentell erwiesenen Prinzipien. Wir sehen dabei noch ganz davon ab, daß die weitere Abhandlung noch zahlreiches weiteres Material zum Beweis für Mutationen in Körperzellen beibringen wird.

Zum allermindesten aber erscheint es erlaubt, zunächst rein arbeitshypothetisch an der Genänderung in Somazellen festzuhalten, da das eben vorgebrachte Material dieser Hypothese nicht nur in nichts widerspricht, sondern sie sogar erheblich stützt.

Der vorläufige Beweisring für die Arbeitshypothese wäre nun geschlossen, wenn es analog diesen systematisiert sich auswirkenden Keimzell- und den örtlich beschränkt wirkenden Somazellmutationen, systematisiert *tumorbedingende Mutationen* gäbe, denn dann wäre der Schluß auf tumorbedingende Mutationen in Körperzellen als Grundlage der solitären Geschwulstentstehung nur ein Spezialfall des allgemeinen Prinzips der Mutation somatischer Zellen überhaupt.

3. Geschwulstbedingende Mutationen beim Menschen.

Wenn es beim Menschen Erbanlagen gibt, die Geschwülste bedingen, so ist diese Frage identisch mit dem Problem endogener Geschwulstursachen und berührt sich damit zugleich mit den Fragen einer „Geschwulstkonstitution", einer „Disposition zum Krebs". Diese Fragen sollen im Abschnitt über die „Ätiologie der Geschwülste" im Zusammenhang besprochen werden.

An dieser Stelle sei an Hand dreier Beispiele nur soviel vorweggenommen, was für die vorläufige Begründung der Mutationstheorie der Geschwülste erforderlich erscheint.

Die *multiplen Exostosen* sind eine ausgesprochene Systemerkrankung des Knochensystems. Das Leiden ist dominant vererbbar (vgl. Abb. 1). In unserem Stammbaum [1] belief sich das Zahlenverhältnis der Kranken zu den gesunden Geschwistern auf 164 ♂ : 166 ♀ (vgl. K. H. BAUER [1], HESTERBRINK-LINDENBAUM [2]). Die Mutation eines Gens in den Keimzellen als primum movens ist gesichert.

---

[1] BAUER, K. H.: Zur Konstitutionspathologie der multiplen Exostosen. Zentralbl. f. Chirurg. 1927. N. 15, S. 943.
[2] HESTERBRINK-LINDENBAUM: Zur Vererbungs- und Konstitutionspathologie der multiplen Exostosen. Inaug.-Diss. Göttingen 1926.

Diese Mutation wirkt sich bei ihren Trägern aus in Gestalt von zahlreichen, oft zahllosen Knochengeschwülsten, die sich aus kleinsten Knorpelinseln im Periost (E. MÜLLER[1]) besonders der langen Röhrenknochen entwickeln.

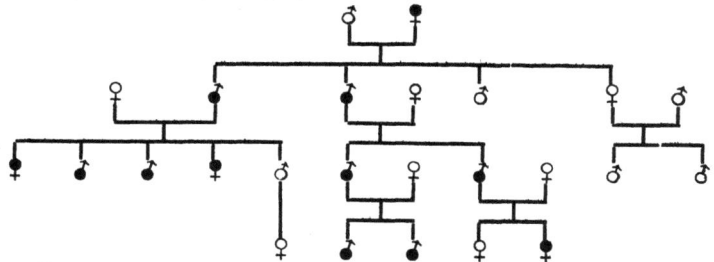

Abb. 1. Stammbaum einer Familie mit multiplen Exostosen (eig. Beobachtung).

Ein anderes Beispiel ist die sogenannte *Polyposis adenomatosa intestini*. Ein Stammbaum von JÜNGLING[2] zeigt die Vererbbarkeit dieser mit einer Aussaat von Schleimhautpolypen über den ganzen (Magen-)Darmtractus einhergehenden Systemerkrankung des intestinalen Schleimhautepithels und läßt an der Bedingtheit durch die Mutation eines Gens keinen Zweifel.

Auch hier wirkt sich also die Mutation in zahllosen systematisierten Geschwülsten aus. Während man aber bei den Exostosen noch einwenden könnte, es handle sich bei den Knochentumoren meist um relativ harmlose Geschwülste, zeigt das Beispiel der Polyposis, daß diese Mutation so gut wie stets, wenn die betreffenden Träger der Anomalie nur lange genug leben und nicht an einer interkurrenten Krankheit sterben, über Zwischenstufen (vgl. SCHMIEDEN[3]), von denen später die Rede sein soll, zur Entstehung von Darmkrebs, oft sogar in der Jugend und multipel auftretend, Veranlassung gibt.

Während hier die Krebsbildung von den erblich bedingten Polypen ausgeht, sei noch als drittes Beispiel, zugleich als solches aus

---

[1] MÜLLER, E.: Über hereditäre multiple Exostosen. Diss. Leipzig 1913.

[2] JÜNGLING, O.: Über hereditäre Beziehungen zwischen Polyposis recti und Rectumcarcinom. Arb. a. d. Geb. d. pathol. Anat. u. Bakteriol. a. d. pathol. Inst. Tübingen **9**, 55—60; vgl. auch Arch. f. klin. Chirurg. **142**, 115. 1926 (Chirurg.-Kongr.).

[3] SCHMIEDEN, V.: Präcanceröse Erkrankungen des Darmes, insbesondere Polyposis. Arch. f. klin. Chirurg. **142**, 512—519. 1926.

dem ektodermalen Gewebekreis, das *Xeroderma pigmentosum* angeführt, bei dem sich die gleichfalls multiplen, gleichfalls frühjugendlichen Hautkrebse direkt aus der erblich minderwertig ausgestatteten Haut entwickeln.

Beim Xeroderma pigmentosum handelt es sich um eine recessive Mutation (vgl. SIEMENS[1]). Die pathologische Erbanlage äußert sich in einer hochgradigen Strahlenüberempfindlichkeit der Haut für Sonnen- und Tageslicht. Nach zahlreichen Hautveränderungen entwickeln sich schließlich mit unentrinnbarer Sicherheit vielfache Hautcarcinome, denen die Träger der recessiven Mutante meist im Jugendalter erliegen.

So ist also schon nach diesen drei Beispielen kein Zweifel möglich, daß es beim Menschen *Mutationen* von Erbfaktoren in Keimzellen gibt, die auf dem Wege über eine abnorme Gewebsbeschaffenheit schon unter physiologischen Bedingungen vielfache *gut- und bösartige Geschwülste bedingen*.

4. Ansätze zu einer Mutationstheorie der Geschwulstbildung im bisherigen Schrifttum.

Schon in der Zeit *vor* der DE VRIESschen Lehre (1901/03) hat v. HANSEMANN[2] 1897 die innere Wesensänderung der Tumorzelle, für die uns heute der Begriffsinhalt der Mutation zur Verfügung steht, ausdrücklich betont. Er stellt den unter verschiedenen äußeren Bedingungen auftretenden, „den Veränderungen der Tierrassen bei der Domestizierung" vergleichbaren „Variationen" der Zellen die „*Anaplasie*" der Krebszellen gegenüber, die er im direkten Gegensatz zu den Anpassungsformen als „eine Artveränderung der Zellen..., die über die Variation hinausgeht" definiert. Und um ja jeden Zweifel auszuschließen, fügt er selbst ausdrücklich hinzu: Diese Artveränderung „ist nicht so zu denken, daß aus Zellen andere normale schon vorhandene Zellen werden könnten, etwa aus Bindegewebe Drüsenzellen oder aus Epidermis Bindegewebe..., sondern die Zellen verändern ihren Charakter in jeder Beziehung, morphologisch und physiologisch zu neuen Arten". Trotz dieser scharfen begrifflichen Formulierung und trotz

---

[1] SIEMENS, H. W.: Die spezielle Vererbungspathologie der Haut. Virchows Arch. f. pathol. Anat. u. Physiol. 238, 200. 1922.
[2] v. HANSEMANN, D.: Die mikroskopische Diagnose der bösartigen Geschwülste. Berlin 1897.

der eingehenden Berücksichtigung der Chromosomenverhältnisse in bösartigen Geschwülsten, hat HANSEMANN doch später, als die Mutationstheorie veröffentlicht war, die Verbindung mit ihr nicht gefunden. Die einseitige Beschränkung des Anaplasiebegriffes auf die malignen Tumoren und der ihm unbekannt gebliebene Tatsacheninhalt der Theorie, wie der Vererbungsbiologie überhaupt, dürften die Schuld an dem Stehenbleiben auf halbem Wege tragen.

Sodann hat 1902 der bekannte Zoologe und Zellforscher BOVERI[1] anläßlich seiner berühmt gewordenen Versuche mit doppelt befruchteten Seeigeleiern die Vermutung ausgesprochen, daß die Krebsentstehung weiter nichts sei, als die Folge einer abnormen Chromosomenverschmelzung bei der Zellteilung und daß alle Krebsursachen sich auf diese Weise formal zur Krebsbildung auswirken könnten.

1911 hat AICHEL[2] eine Zellverschmelzung mit qualitativ anormaler Chromosomenverteilung als Ursache der Geschwulstbildung angeschuldigt, und zwar glaubte er, daß die gutartigen Geschwülste aus der Verschmelzung gleichartiger somatischer Zellen und die bösartigen aus der Verschmelzung einer Körperzelle mit einem Leukocyten hervorgingen.

Erneut angeregt durch die Untersuchungen von AICHEL hat dann BOVERI[3] 1914 seine alte Fragestellung erneut aufgegriffen und in einer ausführlichen Monographie die Entstehung der bösartigen Tumoren aus einer Zelle, die durch einen abnormen Chromatingehalt abnorme Eigenschaften erhielte, dargelegt und diese seine Hypothese bis in alle Konsequenzen durchgeführt. BOVERIS Theorie wurde von maßgebenden pathologischen Anatomen abgelehnt. LUBARSCH[4] z. B. sagt, sie erkläre „höchstens die Entstehung von Zellen mit veränderter Funktion". BORST[5] wirft ihr

---

[1] BOVERI: Über mehrpolige Mitosen als Mittel zur Analyse des Zellkerns. Würzburg 1902.
[2] AICHEL, O.: Über Zellverschmelzung mit qualitativ abnormer Chromosomenverteilung als Ursache der Geschwulstbildung. Vortr. u. Aufs. üb. Entwicklungsmech. 1911. S. 1.
[3] BOVERI, TH.: Zur Frage der Entstehung maligner Tumoren. Jena 1914.
[4] LUBARSCH, O.: Die VIRCHOWsche Geschwulstlehre und ihre Weiterentwicklung. Virchows Arch. f. pathol. Anat. u. Physiol. 235, bes. S. 255, 235. 1921.
[5] BORST, M.: l. c. S. 5 und 13.

— zum Teil nicht ganz mit Recht — Einseitigkeit vor, da sie den in der Zelle selbst gelegenen Faktoren ausschließliche Bedeutung zuerkenne. Ferner bezweifelt er die Lebens- und Teilungsfähigkeit der in ihrem Chromatinbestand abnorm konstituierten Zellen.

Boveris Theorie krankt gleichfalls an der grundsätzlichen Abtrennung der gutartigen und Beschränkung auf die malignen Tumoren und besonders daran, daß er vielleicht die grob sichtbare Chromosomenänderung zu sehr in den Vordergrund schob. Es gebührt ihm aber das Verdienst, als erster im ganzen Umfange das Problem erkannt zu haben, daß einer Änderung im Chromosomenbestand der Körperzellen als Ursache der Krebsbildung eine ungemeine Erklärungskraft zukommt.

Die ersten, die in der Zeit nach der de Vriesschen Mutationstheorie den Krebs geradezu als eine Mutation bezeichneten, waren, soweit überhaupt die ungeheuere Krebsliteratur übersehen werden kann, Levy[1] (1921) und Gade[2] (1921). Levy nimmt ausdrücklich die Boverische Theorie als Ausgangspunkt, nennt die Tumorzelle direkt eine „Gewebsmutation" und versteht darunter eine „in ihrer Erbmasse veränderte Epithel-, Bindegewebs- usw. Zelle" und spricht von dem Heraufkommen einer „Nuclearphysiologie und -pathologie". Ob aber wirklich die von ihm beobachtete Verschmelzung von Kernen, die ja häufig vorkommt, die histologische Grundlage einer chromosomalen Mutation als Geschwulstausgangspunkt dasteht, muß zweifelhaft erscheinen. Gade wies auf den „beträchtlichen Parallelismus" zwischen einer Mutation und denjenigen Erscheinungen hin, die beim Übergang einer normalen Zelle in eine Krebszelle entstehen. Besonderen Nachdruck legt er darauf, daß die mutierten Zellen ebenso wie die Krebszellen ihre neu erworbenen Eigenschaften auf ihre Nachkommen übertrügen. Wenn damit auch das Rätsel des Krebses nicht geklärt sei, so bedeute es aber einen erheblichen Fortschritt, wenn das Krebsproblem auf die gleiche Linie mit anderen biologischen Erscheinungen, welche auf breiter Basis untersucht und studiert werden könnten, gebracht würde.

---

[1] Levy, F.: Zur Frage der Entstehung maligner Tumoren und anderer Gewebsmißbildungen. Berlin. klin. Wochenschr. 1921. Nr. 34, 989—992.
[2] Gade, F. G.: Is cancer a biological phenomen? Journ. of Cancer Research 6, 357—363. 1921.

Im gleichen Jahre (1921), wie LEVY und GADE, vergleicht LENZ[1] den Krebs mit einer Knospenmutation bei Pflanzen und sieht das „Wesen des Krebses" darin bestehen, daß „das Idioplasma einer Zelle" eine „solche Änderung erleidet, daß die Zelle in schrankenloses, die Nachbarzellen zerstörendes Wachstum gerät". ·Zu gleicher Zeit beklagt sich allerdings LENZ darüber, daß diese Auffassung „von den maßgebenden Autoritäten noch nicht anerkannt" sei.

Verfasser[2] selbst hat 1923 darauf hingewiesen, daß auch noch „während der Entwicklung und im späteren fertigen Organismus Mutationen von Genen in den somatischen Zellen auftreten, eine Erfahrung, die vielleicht auch für das Krebsproblem von erheblicher, noch nicht abzusehender Bedeutung zu werden verspricht".

Auch E. SCHWARZ[3] bezeichnete 1923 das Wesen der Tumorgenese als eine Mutation im Sinne von DE VRIES. Auch bei der Lektüre der Arbeit von O. STRAUSS[4] glaubt man einen Augenblick, er greife die Mutation von Genen auf, wenn er sagt, er glaube, „daß man bis an die Erbträger herangehen muß, wenn man die Krebsentstehung sich erklären will". Er schwört jedoch den Genen schnell ab und sagt: „Die Gene sind eine hypothetische Annahme." Vielmehr neigt STRAUSS zu einer überwiegend konstitutionellen Deutung, es müßten zwei Voraussetzungen erfüllt sein, eine erblich begründete „Verstärkung des formativen Wachstumstriebes" und eine „Abschwächung hormonaler Hemmungseinwirkungen".

Am nächsten reicht an die biologisch-cytologische Definition der Mutation im Zusammenhange mit der Geschwulstgenese COENEN[5] heran. Bei der Besprechung der verschiedenen Möglichkeiten erwähnt er neben anderen auch „eine fehlerhafte Konstitution der Chromosomengarnitur in ihren kleinsten Teilen, den Chromosomeren".

---

[1] LENZ, FR.: In: BAUR-FISCHER-LENZ, Grundriß der menschlichen Erblichkeitslehre u. Rassenhygiene 1, 258. München 1921.
[2] BAUER, K. H.: Allgemeine Konstitutionslehre. In: KIRSCHNER-NORDMANN, Die Chirurgie 1. 1923.
[3] SCHWARZ, E.: Tumorzellen und Tumoren. Zeitschr. f. Krebsforsch. 19, 171—180. 1923.
[4] STRAUSS, O.: Das Krebsheilungsproblem. Zeitschr. f. Krebsforsch. 19, 185—206. 1923.
[5] COENEN, H.: Die Geschwülste. In: KIRSCHNER-NORDMANN, Die Chirurgie 2, 1. Teil, S. 10. 1928.

Geschwulstbildung und Mutation.

Wie sehr die Mutationstheorie den Gedankengängen der Biologen entspricht, dafür seien neben BOVERI zwei der bedeutendsten heutigen Zoologen, MORGAN und MULLER, und der Botaniker STOMPS angeführt. MORGAN[1] hatte selbst bei seinem Versuchsobjekt *Drosophila* eine Mutationsrasse erhalten, die dadurch ausgezeichnet war, daß sich bei allen männlichen Larven mit der betreffenden Mutation ein Tumor entwickelte, der die Larven zum Untergang brachte. MORGAN überträgt im Zusammenhang damit die Mutation somatischer Zellen auf das Geschwulstproblem beim Menschen. Und auch MULLER (l. c.) zieht in seinem zusammenfassenden Bericht über die künstliche Erzeugung von Mutationen gleichfalls ausdrücklich die Konsequenz, daß es sich bei den Krebszellen nur um eine Mutation somatischer Zellen handle. STOMPS[2] stellt sich geradezu begeistert auf den Standpunkt BOVERIs und kann den Skeptizismus der Ärzte seiner Theorie gegenüber nicht verstehen.

Es muß von vornherein als eine wichtige Tatsache gebucht werden, daß Biologen von so überragender wissenschaftlicher Bedeutung, wie BOVERI, MORGAN, MULLER und STOMPS in gleicher Weise für die Deutung der Geschwulstgenese als Mutation eintreten.

Man mag dem gegenüber vielleicht einwenden, es sei ihnen wohl das Tatsachengebiet der Mutationen ganz besonders geläufig, das Geschwulstmaterial dagegen selbst müsse ihnen fremd sein. Wenn allerdings wirklich die Geschwulstbildung ein Problem der allgemeinen Biologie ist, dann freilich erscheint es genau umgekehrt „wenigstens nicht unmöglich", daß die Geschwulstforschung gerade durch die Biologie auf Eigenschaften geführt würde, die, um mit BOVERI (l. c.) zu sprechen, „aus dem Studium der Tumoren selbst nicht entnommen werden können und doch deren Wesen ausmachen".

Zusammenfassend kann jedenfalls über die bisherigen Ansätze zu biologischen Theorien der Geschwülste gesagt werden, daß in ihnen ausnahmslos das Suchen nach dem zum Ausdruck kommt, was wir heute mit dem Erfahrungsinhalt der Mutation bezeichnen, ja daß mehrfach — meist allerdings unter Beschränkung auf die bloß ektogene Erzeugung oder bloß auf die bösartigen Geschwülste

---

[1] MORGAN, TH. H.: Some possible bearings of genetics on pathology. Lancester 1922. 33.
[2] STOMPS, TH. J.: Erblichkeit und Chromosomen. Jena 1923. S. 104 bis 107.

— bereits die Geschwulstentstehung als Mutation gedeutet wurde. Es wird aber ebenso zuzugeben sein, daß von einem systematischen Ausbau einer solchen Theorie und einer Prüfung am ganzen Tatsachengebiet der allgemeinen Geschwulstlehre keine Rede sein kann, geschweige gar, daß sich eine solche Theorie die wissenschaftliche Anerkennung erkämpft hätte.

II. Anwendung der Mutationstheorie auf die Pathologie der Geschwülste.

Von einer brauchbaren Theorie muß man fordern, daß sie alle Einzelerscheinungen des betreffenden Tatsachenkomplexes natürlich und zwanglos erklärt, daß sie einfach und einheitlich ist und daß sie zu neuen fruchtbaren Fragestellungen Anlaß gibt.

Wir haben bisher bereits eine Reihe von Indizienbeweisen für die Mutationstheorie kennengelernt: die Analogie zu den Mutationen somatischer Zellen bei den übrigen Lebewesen, die Tatsache geschwulstbedingender Genänderungen beim Menschen, somatische Mutationen bei solitären, sonst systematisierten Tumoren, endlich den neuesten großen Fortschritt mit der Feststellung, daß das einzig bisher bekannte experimentelle Mittel, Mutationen in Keimzellen gehäuft und sicher zu erzeugen, nämlich die Röntgenstrahlen, daß die gleichen Röntgenstrahlen in den Somazellen Krebs erzeugen.

Das beste Beweismittel aber ist immer die widerspruchslose *Erklärungskraft der Arbeitshypothese* bei ihrer Anwendung auf alle Einzelfragen.

1. Formale Genese der Geschwülste im Lichte der Mutationstheorie.

Wir betreten damit das Gebiet der Anwendung der Theorie auf alle bekannten Erfahrungstatsachen, wie sie die allgemeine Pathologie der Geschwülste lehrt, untersuchen alle Einzelfragen unter der vorläufigen Voraussetzung, daß die Hypothese zutrifft, und suchen so induktiv aus der Fülle des Einzelnen zu einer allgemeinen Bestätigung vorzudringen.

Einig ist man sich darüber, daß hinsichtlich der *formalen Genese* das Geschwulstproblem ein *Zellproblem* ist, daß die Geschwulstzelle aus jeder normalen, teilungsfähigen Zelle hervorgehen kann, daß aber die Geschwulstzelle bei diesem Übergang ihren inneren Zellcharakter in grundlegender Weise ändert.

a) Die Änderung des inneren Zellcharakters bei der Entstehung der Blastomzelle.

Daß bei der Geschwulstentstehung eine tiefe Veränderung der Zellen vor sich geht, darin besteht vollkommene Einmütigkeit. Und wenn HAUSER[1] von „neuen Zellrassen", v. HANSEMANN (l. c.) von Anaplasie, BENEKE[2] von Kataplasie, R. HERTWIG (c. n. BOVERI, l. c.) von organotypischem statt cytotypischem Wachstum, ISRAEL von Variation, BORST (l. c.) von einer „primären fundamentalen Wesensänderung" der Zellen spricht, so sind das ebensoviele Begriffsschöpfungen der Pathologie, wie zugleich Bestätigungen der Morphologen für die Charakteränderung der Zelle als solcher. Worin diese aber besteht, was das Wesen der Änderung ausmacht, woran sie stofflich gebunden ist, darüber geben sie keine Auskunft.

Den Zellcharakter des Geschwulstproblems tastet die Mutationstheorie an sich nicht an, es spielt sich ja jede Mutation nur in Zellen ab. Aber wie die Zellentheorie die Zusammensetzung eines ganzen Organismus aus lauter einzelnen Zellen dargetan, so hat die Genetik die Zelle aufgelöst in Protoplasma und Kern, den Kern in Chromosome und die Chromosomen in Gene. Die Zelle ist also lediglich der weitere übergeordnete morphologische Begriff, während Zellkern, Chromosomen und Gene die für die Zellumwandlung entscheidenden Teilbegriffe der wichtigsten Zelleinheiten umfaßt. Zellulartheorie und Gentheorie verhalten sich hierin vergleichsweise wie die Atomtheorie zur Elektronenlehre.

Die Biologie lehrt: Einzelne Zellen können sich ändern wie ganze Organismen. Sie unterscheidet zwei grundsätzlich verschiedene Formen: Die Änderung als Ausdruck der Reaktion auf geänderte äußere Bedingungen, die *Modifikation*, und die Änderung der inneren Reaktionsbedingungen, die *Mutation*.

Daß Zellen selbst eine große Modifikationsbreite haben, so groß, daß die abgeänderten Zellformen überhaupt nicht mehr als Ausgangsformen erkannt werden können, ist von der Entzündung, der Metaplasie, der Hypertrophie, Hyperplasie und Regeneration her bekannt. Entscheidend für den Charakter einer Zelländerung als Modifikation ist die Feststellung, daß die Modifikationen nur mit der Änderung der gewöhnlichen Bedingungen auftreten, daß sich

---

[1] HAUSER: Zieglers Beitr. z. pathol. Anat. 33. 1903.
[2] BENEKE: Berlin. klin. Wochenschr. 1905. Nr. 35 und 36.

alle Übergänge zwischen Ausgangs- und modifizierter Form finden und daß der neue Charakter sich sofort wieder in den Ausgangstyp zurückverwandelt, sobald die gewöhnlichen Bedingungen wiederhergestellt sind.

Eine ruhende Bindegewebszelle z. B. verändert unter dem Reiz bakterieller Toxine bei der „entzündlichen Zellproliferation" Aussehen, Form und Funktion. Die Fibrillen verschwinden, das Protoplasma vergrößert sich, die Zelle wird rund, sie verläßt ihren Ort, wird amöboid, und bald ist sie als Makrophage, Histiocyt, oder wie man sie sonst nennen mag, unmöglich mehr als ursprüngliche Bindegewebszelle wiederzuerkennen. Sobald aber z. B. die Entzündung überwunden ist, kehrt sie in den Ausgangstyp zurück. Diese Änderung von Zellen, die *Modifikation*, ist also nur ein Ausdruck der Reaktion auf die geänderten Außenbedingungen, die innere Konstitution der Zelle, ihr Genbestand, bleibt vollständig unberührt.

Etwas grundsätzlich anderes liegt bei der Tumorgenese vor. Hier gibt es keine fließenden Übergänge und keine Rückkehr auf die Ausgangsform, hier handelt es sich, wie BORST (l. c.) sagt, um „eine *innere Umwandlung*". Die Biologie kennt nun aber nur eine einzige Form einer solchen inneren Zelländerung, das ist die Änderung in Genen, als den funktionellen Elementareinheiten des Zellkerns, und das ist eben die Mutation.

Modifikation einer Zelle z. B. kei der Entzündung und *Mutation* einer Zelle bei der Geschwulstgenese verhalten sich zueinander *vergleichsweise* wie die Verwandlung von Wasser in Dampf und von Wasser in Wasserstoffsuperoxyd: Die innere Konstitution von Wasser macht seine Atomzusammensetzung H_2O aus, diese innere Konstitution bleibt unberührt, gleichviel ob Wasser bei Änderung der Außenbedingungen sich in Eis oder in Dampf verwandelt, es kehrt immer wieder bei Herstellung der gewöhnlichen Bedingungen in die Erscheinungsform „Wasser" zurück. Sobald sich aber etwas in der inneren Konstitution H_2O ändert, wenn sich z. B. ein O-Atom anlagert, entsteht mit H_2O_2 ein ganz neuer Körper mit ganz anderen Reaktionen usw.

Eine Fülle von Ausdrücken aus der älteren Medizin, wie krebsige Degeneration, maligne Entartung leisten immer wieder der völlig verfehlten Ansicht Vorschub, als handle es sich bei der Geschwulstzelle von vornherein um etwas Degeneratives. Ihrem

Wesen nach, das kann mit E. SCHWARZ (l. c.) nicht genug betont werden, ist die *Tumorzelle* keine degenerierte Zelle, sondern — und nur das liegt in der Natur der Mutation — *eine Zelle mit anderen Genen und damit mit neuen Eigenschaften.*

Es muß daher Versuchen, die Geschwulst lediglich als einen höheren Grad der Hyperplasie zu bezeichnen, wie es neuerdings wieder PEREZ[1] tut, entgegengetreten werden. Eine Hyperplasie mag oft genug der Mutation vorausgehen, die Zellproliferation, die unter anderen z. B. BURCKHARDT[2] kausal in den Vordergrund stellt, sogar oft die Vorbedingung der Mutation sein, grundsätzlich aber sind beide, die eine als äußere, die andere als innere Wesensänderung der Zelle scharf zu trennen: die Hyperplasien bedeuten günstigstenfalls eine tausendfache Mutationsbereitschaft, die Mutation allein ist aber erst das Neue, die endgültige *innere* Änderung von Genen oder Chromosomen.

Die biologische Betrachtungsweise nimmt also die immer wieder bestätigte Erfahrungstatsache von der fundamentalen Wesensänderung der Körperzelle beim Übergang in eine Geschwulstzelle zum Ausgangspunkt, sie stellt fest, daß eine andere innere Wesensänderung einer Zelle als auf dem Wege der Gen-, Chromosomen- und Kernänderung überhaupt unbekannt ist. Andererseits aber gibt die Änderung eines, mehrerer oder zahlreicher Gene im Zellkern eine eindeutige Erklärung für die innere, plötzliche und von nun an konstante Charakteränderung einer Zelle. Die Zelle mit einem mutierten Gen, *die mutierte Zelle lebt ein Zelleben unter veränderten inneren, die Zellmodifikation ein Leben unter veränderten äußeren Bedingungen.*

Es muß auch ausdrücklich betont werden, daß unseres Erachtens kein zureichender Grund dafür einzusehen ist, daß die Medizin für jene Dinge andere Begriffsbezeichnungen (wie Anaplasie, Kataplasie usw.) einführt, als sie in der Biologie allgemein gebräuchlich sind, denn erstens wird das gegenseitige Verstehen zwischen Biologie und Medizin unnötig erschwert und zu Unrecht der Eindruck begünstigt, als handle es sich bei den abweichenden Begriffen auch um abweichende Sachverhalte, endlich aber setzen

---

[1] PEREZ, G.: Il problema del cancro nel quadro generale dei processi proliferativi. Ann. ital. di chirurg. Jg. 6. 1927. 215—249.
[2] BURCKHARDT, H.: Betrachtungen über das Geschwulstproblem usw. Münch. med. Wochenschr. 1922. Nr. 38, S. 1365.

Anwendung der Mutationstheorie auf die Pathologie der Geschwülste. 25

sich ja in der Medizin auf die Dauer immer nur die Begriffe durch, die in Einklang mit der betreffenden Mutterdisziplin, in unserem Falle in Einklang mit der Terminologie der Biologie stehen.

b) Geschwulstentstehung aus einer Urtumorzelle.

Alle Geschwulstforscher sind sich darin einig, daß die einzelne Geschwulst letzten Endes aus einer einzigen Geschwulstzelle hervorzugehen vermag. „Wie die befruchtete Eizelle im Anfang jeder Entwicklung", so steht „auch im Anfange jeder Geschwulstentwicklung die Blastomzelle" (BORST, l. c. S. 4). Gerade diese *Entstehung aus einer Urtumorzelle* wird durch nichts einleuchtender und sinnfälliger erklärt, als durch den Mutationsvorgang. Ist es aus irgendwelchen äußeren oder inneren Einwirkungen heraus z. B. zu einer Vermehrung der Chromosomen gekommen und sind in den überschüssigen Chromosomen Eigenschaften für die Selbständigkeit und Eigenmächtigkeit der Tumorzelle enthalten, so leuchtet es ohne weiteres ein, daß alle Tochter,- Enkel-, kurz Nachkommenzellen, die von dieser Urzelle abstammen, durch den Vererbungsmechanismus der Zellteilung die gleichen Chromosomenabweichungen übertragen erhalten müssen.

Es wäre nun ein Irrtum, anzunehmen, jede Mutation einer Körperzelle ergäbe eine Geschwulstzelle. Es dürfte sich hierin mit den Mutationen von Somazellen genau so verhalten wie mit den Keimzellmutationen. Wohl die Mehrzahl der mutierten Keimzellen geht zugrunde, ohne daß die Mutation in Nachkommen erscheinen kann. Auch unter den experimentell erzeugten Mutationen MULLERS (l. c.) war die Mehrzahl der Mutanten letal wirkend. So ist denn auch für die Mutationen somatischer Zellen sicher anzunehmen, daß die meisten Mutationen die betreffende Zelle alsbald dem Untergang weihen. Andere Genänderungen führen zu bloßen Gewebsmißbildungen, wie Naevi, und nur in einer Minderzahl der Mutationen werden in den Zellen jene Gene mutieren, die ihnen geschwulstmäßig zu wachsen gestatten. *Nicht jede mutierte Körperzelle ist eine Blastomzelle, aber jede Blastomzelle ist eine mutierte Zelle* bzw. stammt in direkter Zellfolge von einer solchen ab.

c) Übertragung der Eigenschaften.

Betrachten wir die Geschwulstzelle als eine Zelle mit abgeänderten Genen und damit zugleich mit neuen Eigenschaften, so sind bezüglich dieser neuen Eigenschaften zwei Fragen auseinanderzuhalten, die pathologisch physiologische Frage nach dem Wesen und Erklärung dieser neuen Eigenschaften und die rein morphologische Frage nach ihrer stofflichen Übertragung von der Urtomorzelle auf die ganze spätere Geschwulst.

Machen wir die Prämisse, daß durch die Genänderung der Urzelle erst einmal neue Eigenschaften zuerteilt worden sind, so ergibt sich daraus die Folgerung, daß rein morphologisch betrachtet die Tumorzellen zwangsläufig durch den Zellteilungsmechanismus, der allen Tochterzellen die gleichen Chromosomen und damit die gleichen Gene zuerteilt, die gleichen Eigenschaften wie die Urtumorzelle erben.

Bei dieser Eigenschaftsübertragung spielt die für die bösartige Tumorzelle eigenartige *Mischung aus normalen und pathologischen Eigenschaften* eine wichtige Rolle.

Jede Tumorzelle hat neben ihren „neuen" Eigenschaften noch zahlreiche physiologische Reminiszenzen an ihre Mutterzellen, die epithelialen Tumoren zeigen noch epithelialen Ordnungssinn, die Schilddrüsentumoren haben noch kolloidproduzierende Eigenschaften, es kann sogar ein vom Drüsenparenchym eines endokrinen Organs ausgehender und dieses zerstörender Tumor durch die Funktion seiner Tumorzellen die sonst bei Zerstörung unausbleiblichen Ausfallserscheinungen hintanhalten (v. HANSEMANN, l. c.), ja Metastasen von Schilddrüsentumoren können sogar einen richtigen Hyperthyreoidismus bedingen. Das alles zeigt, daß die Mehrzahl der physiologischen Eigenschaften des Muttergewebes zugleich mitübertragen werden.

Man muß sogar noch weiter gehen und sagen, daß das *Vorhandensein zahlreicher normaler Eigenschaften* geradezu die *Voraussetzung* ist, daß die Geschwulstzelle zu leben vermag und dafür, daß auch die mutierten Eigenschaften sich auswirken können. Und auch hierin stoßen wir auf eine Analogie zu den Mutationen in Keimzellen: auch dort hat stets eine Mutante zur Voraussetzung, daß alle übrigen Erbfaktoren bei der Ausprägung der von ihr abhängigen Eigenschaften mit zusammenwirken.

Auch bei dieser Frage ist die Mutationstheorie sinnfällig plausibel: Die Tumorzellen z. B. bei malignen Geschwülsten erben eben beim Zellteilungsmechanismus nicht nur die Gene für die bösartigen Eigenschaften, die die Tumorzellen befähigen, zerstörend und infiltrierend zu wachsen, sondern sie erben zu gleicher Zeit auch alle

Anwendung der Mutationstheorie auf die Pathologie der Geschwülste. 27

Gene für diejenigen Eigenschaften, die gewissermaßen noch als normales Erbe gleichzeitig mitübernommen sind, so z. B. ihre Fähigkeit, aus dem Stoffwechsel des Organismus Stoffe zu übernehmen, sie zu assimilieren usw. Wir sehen also, daß der Grundgedanke, daß das mutierte Gen Träger der Geschwulsteigenschaften ist, auch in der Frage der Übertragung der Geschwulsteigenschaften schlechthin und der Kombination normaler und pathologischer Eigenschaften sich erneut als ebenso einfach wie fruchtbar erweist.

d) Irreversibilität der Geschwulstentstehung.

Ein weiteres Kennzeichen der Einheitlichkeit der Geschwulstentstehung ist endlich die Irreversibilität der Tumorgenese als Ausdruck für die empirische Tatsache, daß aus einer Tumorzelle niemals mehr eine normale Zelle wird.

Eine bloß ektogen bedingte Zellmodifikation bei der Regeneration oder Hyperplasie bildet sich zurück, sobald die abnormen Bedingungen aufhören, da sie nur eine Anpassungserscheinung ist, eine Mutation dagegen bleibt, gleichviel wie es mit den Bedingungen steht, die sie veranlaßten, unverändert bestehen, solange die Zellen am Leben sind.

Genau so wie die Mutation einer Keimzelle sich unverändert forterbt, solange sie durch die Fortpflanzung der Träger einer Mutation Gelegenheit dazu hat, so erbt die mutierte Körperzelle die Mutation fort, solange die Geschwulst überhaupt wachsen kann.

Diese Irreversibilität ist mit keiner anderen Theorie gleich überzeugend erklärbar. Bei der Annahme einer Mutation dagegen ist die Irreversibilität etwas Zwangsläufiges: Sobald einmal die Veränderung im Gen- bzw. Chromosomenbestand vor sich gegangen ist, wird diese innere Veränderung zwangsläufig durch den Zellteilungsmechanismus auf alle Zellnachkommen übertragen, solange überhaupt die Zellen sich zu teilen vermögen.

Das Einheitliche aller Geschwülste ist das *Einheitliche ihrer formalen Genese*, und die Grundtatsachen dieser formalen Genese sind die innere Wesensänderung, die Entstehung aus einer Urtumorzelle, die Übertragung aller Eigenschaften auf die Zellnachkommen und die fehlende Umkehrbarkeit des Entstehungsprozesses.

Diese Einzelkomponenten des formalen Geschehens, ebenso wie die zahlreichen Einzelerscheinungen der gleich zu besprechenden Morphologie haben aber alle den einen *einheitlichen Generalnenner*, das ist die *Genänderung der Somazelle*. In dieser Einfachheit und Einheitlichkeit des Geschehens für alle Geschwülste liegt die Stärke der Hypothese. Sehen wir nun zu, ob sie sich nicht nur am Einheitlichen der Genese, sondern auch an der Vielgestaltigkeit der Formen bewährt.

2. Morphologie der Geschwülste und Mutationstheorie.

Wenn auch bei denjenigen Mutationen, die bloß ein Gen oder nur Gene eines Chromosomenabschnittes betreffen, Abweichungen der Chromosomenverhältnisse im mikroskopischen Zellbild von vornherein nicht zu erwarten sind, so besteht doch über die heuristische Erklärungskraft der Hypothese hinaus das Bedürfnis nach weiteren *Beweismitteln*, die sich *aus der Morphologie* der Geschwülste selbst ableiten.

Wenn die Mutationstheorie richtig ist, so müssen

a) die Zellteilung,

b) bei einem Teil der Geschwülste abnorme Chromosomenverhältnisse,

c) hinsichtlich der Geschwulstform vor allem auch der Zeitpunkt der Mutation

eine große, morphologisch faßbare Rolle spielen.

Die *Zellteilung* hat in der Mutationstheorie insofern eine große Bedeutung, als die Mutationen zum mindesten bevorzugt, wenn nicht sogar ausschließlich auf dem Höhepunkt der Zellteilung entstehen, es müßten also Steigerungen der Zellteilungen die Wahrscheinlichkeit der Mutation vergrößern und abnorme Reize sie noch weiter steigern.

Weiterhin sollten *abnorme Chromosomenverhältnisse* bei denjenigen Tumoren nachzuweisen sein, bei denen nicht bloß uni- oder plurifaktorielle Mutationen eines Cromosomen-*Teiles*, sondern chromosomale Mutationen *ganzer* Chromosomen entscheidend sind.

Endlich müßte noch vieles vom *Zeitpunkt* des Auftretens einer Mutation abhängen, setzt ja die Zellteilung mit der ersten Teilung der befruchteten Zelle ein und besteht bis zum Tode weiter. Nach der genbiologischen Betrachtungsweise wären also Geschwülste auf der ganzen Entwicklungsbahn von der befruchteten Eizelle bis zum Tod zu erwarten.

Sehen wir zu, was die Morphologie zu diesen verschiedenen, aus der Mutationstheorie sich ergebenden Postulaten sagt.

a) Zellteilung.

Als die Geschwulstforschung mit KLEBS, v. HANSEMANN, AICHEL u. a. innerhalb der Zelle der Zellteilung, dem Chromatingehalt usw. ihr besonderes Augenmerk zuzuwenden anfing, begann zugleich damit — vom biologischen Standpunkt aus besehen — eine neue Etappe der Geschwulstforschung, die durch die Suche nach dem die Geschwulsteigenschaften tragenden *Teilorgan* der Zelle gekennzeichnet erscheint.

In der Tat ist der Zellkern ein völlig selbständiges Organ der Zelle, und es spricht alles dafür, daß das Protoplasma in seiner bekannten Abhängigkeit vom Kern nur sekundär in Mitleidenschaft gezogen wird und daß der Kern ausschließlicher Sitz der Geschwulsteigenschaften ist.

Aber ebenso wie eine Geschwulstzelle nicht ohne Zellkern denkbar ist, so ist die Fortentwicklung einer Geschwulst nicht denkbar ohne *Zellteilung*. Denn jede Geschwulst entsteht ja aus kleinsten Uranfängen, ja sogar meist, wenn nicht immer, aus einer einzigen Urblastomzelle, und so ist die Fortentwicklung der Geschwulst von vornherein ohne den Mechanismus der Zellteilung überhaupt unmöglich.

Die Zellteilung spielt aber nicht nur eine Rolle bei der weiteren Entwicklung einer Geschwulst, sondern auch — und davon soll zunächst nur die Rede sein — bei der ersten Entstehung der Geschwulsturzelle, denn nach der Mutationstheorie liegt *zwischen der letzten Soma- und der ersten Blastomzelle immer und jedesmal eine Zellteilung,* denn die Mutation kann, so lehrt die Erbbiologie, immer nur auf der Höhe der Karyokinese eintreten.

Es dreht sich also zunächst gar nicht um die Frage, ob abnorme oder normale Kernteilung, sondern nur darum, ob überhaupt eine Kernteilung stattfindet und ob die Kernteilung eine reichliche ist. Die *Kernteilung* ist die *Voraussetzung der Mutation,* da die Zelle nur während der Zellteilung, wenn man so sagen darf, mutationssensibel ist. Die *beschleunigte Kernteilung* erhöht die *Wahrschein-*

keit der Mutation gleichsinnig mit der Zahl und der Geschwindigkeit der Kernteilungen.

Diese Erwartung der Mutationstheorie wird nun durch die tatsächlichen Erfahrungen der Geschwulstpathologie hundertfältig bestätigt, ja man kann sagen, sie liefert bezüglich der Bedeutung der Zellteilung eine solche Fülle von Material, daß diese morphologische Beweisgruppe allein genügen würde, um der Theorie einen sicheren Rückhalt gegenüber anderen Theorien zu verschaffen.

An erster Stelle steht hier die Erfahrung, daß Geschwülste besonders dort auftreten, wo eine *dauernde regenerative Zellproliferation* unterhalten wird.

So treten alle Krebse des Verdauungskanals an physiologischen Engen (Cardia, Pylorus, Ileocöcalklappe, Flexura hepatica, lienalis, sigmoidea usw.) auf, also an den Stellen, wo die Reizung und Regeneration am lebhaftesten ist. Selbst bei der multiplen Carcinomentstehung auf dem Boden der Polyposis adenomatosa intestini wird diese „lokalisatorische Regel" gewahrt (vgl. ORATOR[1]).

Die hohe Bedeutung der regenerativen Zellteilungsvorgänge zeigen ferner die cellulären Ausgangspunkte der Geschwülste. Eine verhornte Plattenepithelzelle, die fertigen Knochenzellen teilen sich nicht mehr, sie bilden nie eine Geschwulst. Dagegen gehen bei Störungen und Steigerungen der Regeneration die Tumoren stets von den „Proliferationszentren", den tiefsten Schichten der Epidermis, des Schleimhautepithels, des Periostes aus (ALBRECHT[2]).

Viel zitiert ist der Begriff der „*präcarcinomatösen Krankheiten*" von ORTH[3]. Er soll begrifflich die Tatsache herausheben, daß sich Krebse besonders dort entwickeln, wo irgendwelche Veränderungen bereits vorausgegangen sind. Als solche werden lupöse, tuberkulöse, syphilitische, Verbrennungs-, Ulcusnarben, Fisteln, chronische traumatische Reizeinwirkungen, wie bei dem Zusammentreffen von Steinen und Krebs in der Gallenblase, Narbenschrumpfungen und dergleichen angegeben. Für den Chirurgen bieten in dieser Hinsicht ein besonderes Interesse die Mastopathia chronica cystica und

---

[1] ORATOR: Disk. Bem. Arch. f. klin. Chirurg. 142, 119. 1926.
[2] ALBRECHT, E.: Die Grundprobleme der Geschwulstlehre. I. Frankfurt. Zeitschr. f. Pathol. 1, 221. 1907.
[3] ORTH, J.: Präcarcinomatöse Krankheiten und künstliche Krebse. Zeitschr. f. Krebsforsch. 10, 42. 1911.

die diffuse Fibromatose (HAEBLER[1]), ferner die Leukoplakien verschiedener Schleimhäute.

Nur nebenbei sei bemerkt, daß biologisch besehen, der Ausdruck „präcarcinomatös" nicht sehr glücklich erscheint. Erstens verstößt der Begriff gegen eine Grundregel der Statistik hinsichtlich der Beurteilung von Massenerscheinungen dadurch, daß er nämlich nur die Fälle, bei denen das Zusammentreffen nachweisbar ist, einseitig heraushebt. Sodann aber wird von dem späteren Carcinomeffekt weniger Einzelfälle auf eine Art von allgemeiner Tendenz, Carcinom zu werden, zurückgeschlossen.

Diese Zustände haben alle gemeinsam, daß es sich um eine erhöhte, um eine gestörte Regeneration, dazu noch auf vorher geschädigtem Boden handelt. Das „Präcarcinomatöse" ist nur die erhöhte Regeneration und die erhöhte Zellteilung unter abnormen Gewebsbedingungen.

Oder fragen wir die experimentellen Geschwulstforscher über die künstlichen Krebse. FIBIGER[2] sah das Magencarcinom der Ratten nach Fütterung mit Spiroptera neoplastica erst auf dem Umwege über Zellproliferation, Bildung von Papillomen, Reizzuständen und maximaler Steigerung der Regeneration entstehen. Überstürzte Zellneubildung mit ihrem Heer von Kernteilungen war immer die Voraussetzung.

YAMAGIVA[3], dem wir die Teerkrebsforschung verdanken, sah Teercancroide am Kaninchenohr und Mammacarcinom erst nach Hyperplasie, Sprossen- und Netzbildung von Epithelien, schließlich Loslösung von Epithelzellen „unter reger Mitose" entstehen und dann erst infiltratives Wachstum beginnen.

Auch das experimentelle Röntgencarcinom entsteht sowohl beim Menschen (vgl. HALBERSTÄDTER[4]), wie beim Kaninchen (BLOCH[5]) nur auf dem Umwege über eine erhebliche Zellproliferation.

---

[1] HAEBLER, C.: Über die präcarcinomatösen Erkrankungen. Münch. med. Wochenschr. 1924. Nr. 5, 127.
[2] FIBIGER, J.: Zeitschr. f. Krebsforsch. 17. 1919.
[3] YAMAGIVA, K.: Über künstliche Erzeugung von Teercarcinom und -sarcom. Virchows Arch. f. pathol. Anat. u. Physiol. 233, 235—259. 1921.
[4] HALBERSTÄDTER, L.: Über das Röntgencarcinom. Zeitschr. f. Krebsforsch. 19, 105—114. 1923.
[5] BLOCH, BR.: Die experimentelle Erzeugung von Röntgencarcinomen usw. Schweiz. med. Wochenschr. 1924. Nr. 38, 857.

Ob also Krebsbildung parasitär (FIBIGER), chemisch (YAMAGIVA) oder aktinisch (BLOCH) ausgelöst ist, ist gleich, immer ist die vorhergehende *übermäßige Gewebsproliferation die Vorbedingung für die Entstehung dieser exogen ausgelösten Tumoren.*

Das Material dafür, daß erhöhte Zellproliferation und überstürzte Zellteilung der Geschwulstentstehung vorausgehen, ist also übergroß und ließe sich außerdem noch beliebig vermehren.

Wir sehen also, die theoretische Forderung der Mutationstheorie nach Zellteilung als Voraussetzung jeglicher Geschwulstmutation ist glänzend erfüllt. Wir wissen aber weiter gerade aus dem literarischen Streit über Störungen der Mitose, daß *bei jeder Regeneration Atypien der Zellteilung* vorkommen und daß diese Atypien mit der Steigerung der Zellteilung und gleichzeitiger Schädigung der Gewebe wesentlich an Zahl zunehmen (vgl. WERNER[1], ORTH[2]).

Jede *Atypie* der *Zellteilung* vermag — sie muß nicht — den Tochterzellen einen veränderten Kern und damit eine veränderte innere Konstitution als Grundlage neuer Eigenschaften mitzugeben. So sind auf dem Umwege über Zellteilungsstörungen bei der Regeneration alle Voraussetzungen für die Geschwulstmutation erfüllt.

Es gibt aber auch noch einen *Gegenbeweis* für die Rolle der Zellteilung in der Genese der Geschwülste.

Wenn Mutationen an die Zellteilung gebunden und wenn Geschwülste Mutationen sind, so leitet sich aus diesen beiden Prämissen, sofern sie richtig sind, die weitere Forderung ab, daß solche *Zellen, die sich nicht mehr zu teilen* vermögen, auch *keine Geschwülste* bilden dürfen.

Die einzigen Zellen, die sich postembryonal überhaupt nicht mehr teilen, sind die Ganglienzellen (vgl. PETER[3]). Die Tatsache, daß es, solange sich die Ganglienzellen fetal noch teilen, auch Tumoren derselben gibt, daß es aber umgekehrt postnatal, wenn sich die Ganglienzellen nicht mehr teilen, auch keine Tumoren derselben gibt (v. HANSEMANN, l. c.), ist ein ungemein wichtiger Beweis für die Mutationstheorie.

---

[1] WERNER, R.: Experimentelle Epithelstudien. Über Wachstum, Regeneration, Amitosen- und Riesenzellenbildung des Epithels. Bruns' Beitr. z. klin. Chirurg. **34**, 1—84. 1902.

[2] ORTH, J.: Zeitschr. f. Krebsforsch. **16**. 1919.

[3] PETER, K.: Über Zellteilungsprobleme. Klin. Wochenschr. 1924. Nr. 48, 2177.

Anwendung der Mutationstheorie auf die Pathologie der Geschwülste. 33

Die Zellteilung ist einer der wichtigsten Punkte der Mutationstheorie, denn zwischen letzter Soma- und erster Tumorzelle ist kein fließender Übergang, sondern die jähe Kluft der inneren Wesensänderung. Zwischengeschaltet ist die Kernteilung als die einzig mutationsempfindliche Phase des Zellebens. So wird die Kernteilung geradezu eine Voraussetzung der Geschwulstbildung. Alle Erfahrungen über Zusammenhänge zwischen gestörter und gesteigerter Regeneration und Geschwulstgenese bestätigen, daß die Voraussetzung erfüllt ist. Es fehlt auch nicht der Gegenbeweis: Zellen, die sich nicht mehr teilen, bilden auch keine Tumoren.

Aber auch der Kern als Sitz der Geschwulstfunktion und die Kernteilung als Voraussetzung der Geschwulstzellenentstehung lassen noch einen Teil der Erscheinungen der Geschwülste unerklärt. Die Einheiten des Zellkerns sind die Chromosomen. Wie verhalten sie sich?

b) Chromosomenverhältnisse.

In der Frage der Chromosomen ist es notwendig, sich einige Daten der Zellforschung ins Gedächtnis zurückzurufen.

Jede Organismenart besitzt eine sich stets gleichbleibende Chromosomenzahl (beim Menschen sind es 48) (PAINTER [1, 2]). Jedes Chromosomenpaar ist von jedem anderen äußerlich nach Form und Größe und innerlich nach Gengehalt verschieden (sogenannte *Chromosomenindividualität*). Jedes Chromosom rekonstruiert sich nach jeder Ruheperiode genau in gleicher Weise wieder (*Chromosomenkontinuität*) und beherbergt stets die gleiche Genserie. Das beweist, daß die Chromosomen „ebensogut wie die Kerne als *selbständige Organe der Zelle*" betrachtet werden müssen (STOMPS [3]).

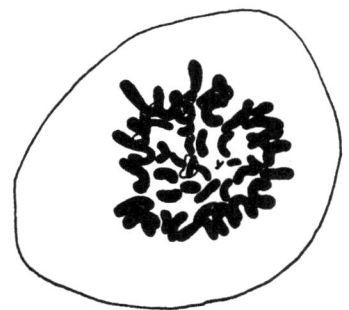

Abb. 2. Chromosomen beim Menschen nach PAINTER.

---

[1] PAINTER, TH. S.: Studies in mammalian spermatogenesis. II. The spermatogenesis of man. Journ. of exp. Zool. 37, 291. 1923.
[2] Ders.: The sex chromosomes of man. Americ. Naturalist 58, 506. 1924.
[3] STOMPS, TH. J.: Erblichkeit und Chromosomen. Jena 1923.

Es liegt wohl im Wesen eines so hochkomplizierten Vorgangs, wie der Karyokinese, daß die Chromosomen gerade zu der Zeit der höchsten Differenzierung des Kernteilungsapparates äußeren (chemischen, thermischen, aktinischen, mechanischen usw.) Einflüssen gegenüber besonders empfindlich sind. Die Entstehung *chromosomaler Mutationen* zu diesem Zeitpunkt sind denn auch im Zellexperiment an verschiedenen Objekten bewiesen.

Ein in vielfacher Hinsicht bedeutsames *Beispiel einer solchen chromosomalen Mutation* ist das *Nondisjunction*-Phänomen von BRIDGES[1].

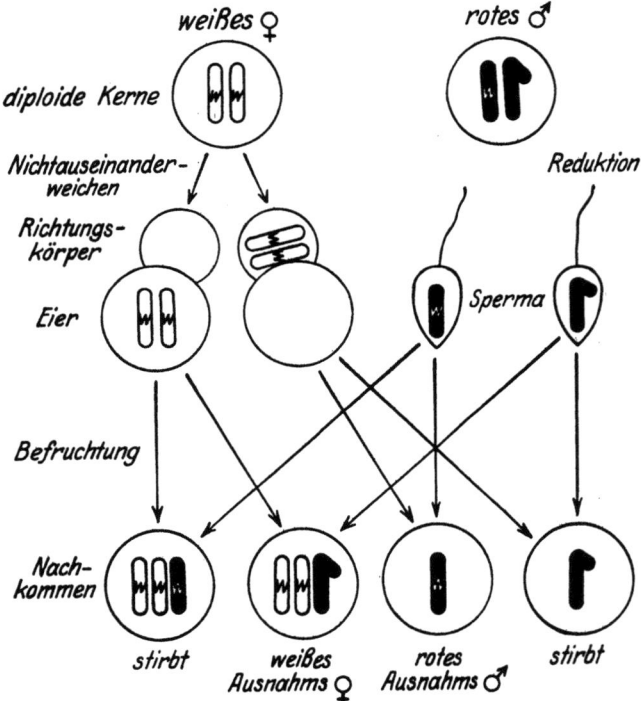

Abb. 3. Schema des „Nichtauseinanderweichens" der sog. Geschwulstchromosome bei Drosophila nach BRIDGES (Schema nach GOLDSCHMIDTs Lehrbuch).

Während normalerweise die diploiden Kerne der Urkeimzellen (oberste Reihe) sich so teilen, daß bei jedem Geschlecht jeder reifen

---

[1] BRIDGES, C. B.: Nondisjunction as proof of the chromosome theory of heredity. Genetics 1. 1916.

Keimzelle je ein Chromosom zuerteilt wird, gelangen beim „Nichtauseinanderweichen" (Nondisjunction) der Chromosomen in eines der reifen Eizellen zwei Chromosomen, in das andere nur die übrigen (nicht gezeichneten), aber keine Geschlechtschromosomen. Es entsteht auf diese Weise ein Schulfall von Zellen, von denen die einen um je ein Chromosom zuviel, die anderen um je eines zu wenig mitbekommen.

Das hat nun zunächst eine praktische Konsequenz für die in den betreffenden Chromosomen gelagerten Anlagen z. B. für das Gen für weiße und rote Augenfarbe, deren Verteilung im Schema mitangegeben ist. Doch darauf kommt es in diesem Zusammenhang weniger an, vielmehr spiegelt das Befruchtungsergebnis mit normalem Sperma die grundsätzlich wichtige Tatsache wieder, daß von den vier Möglichkeiten von Zellen mit abnormer Chromosomenkonstitution nur zwei lebens- und entwicklungsfähig, die zwei anderen dagegen existenzunfähig sind.

Das *Material* für derartige *chromosomale Mutationen* hat sich seitdem weiter vermehrt. Ein Blick auf die zweite Zelle der letzten Schemareihe (Abb. 3) zeigt, daß dieses weißäugige „Ausnahmeweibchen" mit seinen zwei X- und einem Y-Chromosomen in seinen Keimzellen wieder abnorme Chromosomenverhältnisse darbieten muß und in der Tat zeigen die Untersuchungen von BRIDGES, daß auch durch dieses „sekundäre Nondisjunction" wieder andersartige abnorme Chromosomenkombinationen entstehen, von denen gleichfalls die mit drei X-Chromosomen und die mit fehlendem X-Chromosom existenzunfähig sind.

1921 hat BRIDGES[1] noch für ein anderes (das sogenannte vierte) Chromosomenpaar die gleiche chromosomale Mutation des Nondisjunction nachgewiesen und auch da gezeigt, daß Zellen, denen beide Chromosomen fehlen, nicht lebensfähig sind.

Es bedeutet nun auch hier einen grundsätzlich wichtigen Fortschritt, daß es MAVOR[2] gelang, die *chromosomalen Mutationen* des Nondisjunction *experimentell* zu erzeugen, und zwar wiederum — durch Röntgenlicht.

---
[1] BRIDGES, C. B.: Genetical and cytological proof of nondisjunction of the fourth chromosome of *Drosophila melanogaster*. Proc. of the Nat. Acad. Science 7. 1921.
[2] MAVOR, J. W.: The production of Nondisjunction by X-Rays. Science N. S. 55, 296. 1922.

Von diesen Mutationen nur eines Chromosoms ist dann nur ein Schritt zu den gleichzeitigen Änderungen an mehreren Chromosomen und schließlich zu denjenigen Mutationen, die durch Verdoppelung, ja Vervielfachung des Chromosomensatzes eine Fülle neuer genetischer Fragen heraufführen.

Alle diese Versuche beweisen nicht nur das Vorkommen von chromosomalen Mutationen überhaupt, sondern sie zeigen auch eine ganz verschiedene Wertigkeit der Chromosomen für die Existenzfähigkeit der Zellen.

Wenn nun die Mutationstheorie zutrifft, so müßten auch bei einem Teil der menschlichen *Tumoren* in den Tumorzellen selbst
1. Zellen mit abnormem Chromosomenbestand,
2. sekundäre Atypien der Zellteilung,
3. zahlreiche lebensunfähige Zellen

zu erwarten sein.

Von allem Anfang an erwarten wir vom Standpunkt der Mutationstheorie veränderte Chromosomenverhältnisse nur bei einem Teil der Geschwülste, nämlich ausschließlich bei denen, die nicht uni- und plurifaktoriellen, sondern chromosomalen Mutationen ihre Entstehung verdanken.

Sekundäre Atypien der Zellteilung in den sich vermehrenden Tumorzellen sind um so sicherer, je gröber die mutierte Chromosomenzahl von der Norm abweicht. Bei solchen abnormen Zellteilungen muß natürlich dann auch ein Teil der neuen Zellen ein Defizit von Chromosomen aufweisen und damit zugrunde gehen.

Wie verhalten sich nun die Erwartungen der Theorie und die tatsächlichen *Beobachtungen der Morphologie zueinander?*

Um gleich von vornherein jeden Zweifel auszuschließen, sei vorweggenommen, daß es sich nicht darum handeln kann, die „Geschwulstzelle" als solche gewissermaßen an ihren Chromosomenverhältnissen zu diagnostizieren. Wir wissen, „das alte Bestreben, entscheidende Kennzeichen für die ‚Krebszelle' zu finden, ist immer noch mißglückt" (LUBARSCH [1]).

Die *Chromosomen* sind schon lange Gegenstand der morphologischen Krebsforschung. Nachdem früher schon KLEBS auf den abweichenden Chromatingehalt bei Tumoren hingewiesen hatte,

---

[1] LUBARSCH, O.: Der heutige Stand der Geschwulstforschung. Klin. Wochenschr. 1922. Nr. 22. S. 1081—1083.

waren es vor allem v. HANSEMANN (l. c.) und BOVERI (l. c.), die die Chromosomenverhältnisse in den Mittelpunkt ihrer Theorie rückten. HANSEMANNS Einteilung der Mitosen in normale, hypo- und hyperchromatische ist rein deskriptiv und richtet sich ausschließlich nach der Zahl der Chromosomen. Er habe manchmal über 100 Chromosomen, in manchen Zellen 20 und mehr Pole gezählt. Umgekehrt weisen hypochromatische zuweilen nur sechs oder acht und auch ,,solche mit einer ungeraden Zahl" von Chromosomen auf.

HANSEMANN weist besonders auch auf die Zellteilung hin. Der Charakter der Mitosen normaler Gewebe sei für die gleiche Gewebsart selbst unter den gewöhnlichen Bedingungen ,,ein absolut konstanter". Diese Tatsache rechtfertigt den Schluß, daß dann, ,,wenn in einem Gewebe die Formen der Mitosen sich durchweg verändern, die Zellen ihren Charakter verändert haben müssen, d. h. es muß aus einer Zellart eine andere entstanden sein". Allerdings geht er zu weit, wenn er sagt: ,,Eine solche Veränderung des Mitosencharakters finden wir nun lediglich in bösartigen Geschwülsten und bei keinerlei anderen, entzündlichen regenerativen oder hyperplastischen Wucherungen."

Großen Wert legt HANSEMANN weiterhin auf die starke Variabilität der Mitosen in der gleichen Geschwulst, ebenso wie auf die Formverschiedenheiten. Für praktische Zwecke erscheint es nicht ohne Belang, daß HANSEMANN es für berechtigt hält, ,,aus der Anwesenheit der Mitosen auf die Schnelligkeit der Zellwucherung" Schlüsse zu ziehen.

HANSEMANNs Chromosomenstudien haben allerdings erheblich an Wert eingebüßt, seit bei veränderter Untersuchungstechnik (sofortige und besondere Methoden der Fixierung!) wahrscheinlich geworden ist, daß zum mindesten ein Teil der HANSEMANNschen Bilder den postnatalen Weiterverlauf, aber nicht den intravitalen Verlauf der Mitose widerspiegeln (vgl. CARTY und CARPENTER[1]. Es ist zu hoffen, daß hierin die neuen Methoden der Vererbungscytologie bald Klarheit schaffen werden.

Aber auch der Bedeutendste unter den heute lebenden Geschwulstmorphologen, BORST (l. c.), legt auf die ,,Kernvariabilität" großes Gewicht. Bei einem besonders eindrucksvollen Fall ge-

---

[1] CARTY, M. und CARPENTER, W.: The cytologic diagnosis of neoplasm. Journ. of the Americ. Med. Ass. 81, 519. 1923.

braucht er das Bild einer „wahren Kernverwilderung". BORST bestätigt: „In der Tat sind pathologische Formen der direkten und indirekten Kernteilung in bösartigen Geschwülsten reichlich aufzufinden. Die direkte Kernteilung tritt in ganz unregelmäßigen Zerschnürungen und Fragmentationen der Kerne auf. Vielkernige Riesenzellen können sich dabei bilden, wenn die Plasmateilung ausbleibt."

„Die indirekte Kernteilung (Karyomitose) bietet sich in den verschiedenen pathologischen Bildern dar." Pluripolare, hyperhypochromatische Riesenmitosen, solche mit versprengten Chromosomen, andere mit verklumpten oder staubförmig aufgelösten Chromosomen, asymmetrische Kernteilungsfiguren usw., werden geradezu als Charakteristikum der Störung der Kernteilung bei Geschwülsten angeschuldigt. BORST kommt denn auch zu dem Schluß, daß gerade im Hinblick auf die Genetik, die die Chromosomen als Träger der vererbbaren Eigenschaften ansieht, zu dem Schluß: „Die Störungen der Chromosomenverteilung bei malignen Geschwulstzellen verdienen daher die größte Beachtung."

Nach alledem kann es also nicht zweifelhaft erscheinen, daß in der Tat in einem Teil der Geschwülste — nicht in *allen*, wie es die BOVERIsche Hypothese fordern würde! — abnorme Chromosomenzahlen und Abweichungen in der Chromosomenform und zahlreiche Atypien der Zellteilung auch rein morphologisch nachzuweisen sind.

BORST läßt nun die Frage als eine offene erscheinen, ob solche in ihrem Chromatinbestand abnorm konstituierte Zellen weiter lebens- und teilungsfähig bleiben. Hierzu ist vom Standpunkt der Vererbungslehre zu sagen, daß von den Zellen mit abnormen Chromosomenzahlen (vgl. Nondisjunction! Abb. 2) sicherlich ein erheblicher Teil der Tochterzellen, der eine ungenügende Zahl von Chromosomen zuerteilt bekommt, nicht lebensfähig bleiben wird, sondern zugrunde geht. Wir lernen auf diese Weise eine neue Art von Zelluntergang, den *Zelltod aus inneren Ursachen* bei Verlust oder Schädigung zellebenswichtiger Chromosomen kennen. Dadurch bekommt auch die Tatsache, daß gerade in besonders zellteilungsreichen Geschwülsten auch viele Zellen mit den Zeichen des Zelltodes gefunden werden, eine neue Erklärung.

Für die Geschwulst selbst aber kommt es weniger darauf an, ob solche Zellen mit abnormem Chromatingehalt alle lebensfähig bleiben, sondern nur darauf, daß bei solchen Zellteilungen immer wieder gleichzeitig noch Zellen entstehen, die den vollen Chromosomenbestand der Urtumorzellen erhalten und infolgedessen die Geschwulst weiter zur Ausbreitung bringen.

Auch die häufig abweichende *Zellgröße* mancher Tumorzellen nimmt bei der engen Korrelation zwischen Chromosomenzahl und Zellgröße — man denke nur an die Semigigas- und Gigasformen vieler Pflanzen oder an die polyploiden Moose v. WETTSTEINS [1] — nicht mehr wunder.

SOKOLOFF [2] unterscheidet hinsichtlich der Zellgröße geradezu zwei Typen von Geschwulstzellen, solche mit bedeutend vergrößerten und solche mit normalem Kern. Von unserem Standpunkt aus leuchtet es ohne weiteres ein, daß Tumoren, die lediglich einem oder mehreren Faktoren ihre Entstehung verdanken, bei ihrer normalen Chromosomenzahl normale Kerngröße aufweisen, während aber andererseits chromosomale Mutationen eine Änderung der Kern- und damit der Zellgröße geradezu fordern.

Ja, man muß im Gegensatz zu den Änderungen der Chromosomen bei den bloßen Gen- und Komplexmutationen als *Gegenbeweis* geradezu fordern, daß es zahlreiche Geschwülste geben muß, die Abweichungen der Chromosomenzahl, der Zellteilung und des vermehrten Zellunterganges vermissen lassen. Auch hierin bestätigt die Morphologie die theoretische Erwartung unserer Anschauung. Zahlreiche Tumoren lassen keinerlei Störung der Kernteilung oder Änderung des Chromosomenbestandes erkennen.

Da abnorme Chromosomenzahlen, vielgestaltige Formen der Kernteilung und ,,spontaner" Zelltod ganz überwiegend in bösartigen und dort sehr regelmäßig gefunden werden, während andererseits normale Chromosomenverhältnisse bei gutartigen Tumoren die Regel sind, so liegt die Annahme nahe, daß die Eigenschaft ,,Malignität" einer Geschwulst eine chromosomale Mutation als Ausgangspunkt und eine veränderte Chromosomenkonstitution als stoffliche Grundlage hat.

Niemals aber darf die größere Sinnfälligkeit einer chromosomalen Mutation nur deswegen, weil sie cytologisch erweisbar wer-

---

[1] v. WETTSTEIN, F.: Morphologie und Physiologie des Formwechsels der Moose auf genetischer Grundlage. Zeitschr. f. indukt. Abstammungs- u. Vererbungslehre 33. 1924.

[2] SOKOLOFF, B.: The nucleo-cytoplasmatic ratio and cancer. Journ. of Cancer Research 7, 395. 1923.

den kann, dazu verleiten, die *Gen-* und *Komplexmutation* als Grundlage der Geschwulstentstehung geringer zu veranschlagen oder gar zu übersehen. Es braucht nur an Schulbeispiele wie die Neurofibromatose, Ekchondrosen, Dickdarmcarcinome bei Polyposis oder dergleichen erinnert zu werden, um die Erfahrungen in die Erinnerung zurückzurufen, daß Tumoren auch auf der Grundlage nur eines einzigen abgeänderten Gen entstehen können. Es bedeutet eben die Mutation eines Gens nicht nur eine Änderung der von ihm selbst abhängigen Funktion oder Differenzierung, sondern auch eine Rückwirkung auf zahlreiche andere Gene, die mit ihm zusammen wirken, schließlich sogar eine Rückwirkung auf die Gesamtheit der Gene.

So sehen wir denn auch hier, daß alles, was die Theorie auf Grund der Chromosomen- und Mutationstheorie fordert, durch die Morphologie sich bestätigt und umgekehrt, daß die Morphologie, was Kern- und Chromosomenverhältnisse betrifft, im Lichte der Mutationstheorie eine einheitliche Deutung gewinnt.

Kernteilungs- und Chromosomenverhältnisse sind aber nicht Gegenstand müßiger hypothetischer Betrachtungen, sondern sie spielen bei der bekannten elektiven Wirkung des Röntgenlichtes auf die Kernteilung und auf die Chromosomen die wichtigste biologische Grundlage für die Behandlung der Geschwülste, soweit sie nicht operativ ist.

c) Geschwulstformen.

Wenn eine Theorie letzten Endes auf eine so einfache Formel zu bringen ist, wie die Mutationstheorie der Geschwülste, so möchte mancher vielleicht zunächst glauben, die Theorie müßte an dem großen, schier unübersehbaren Formenreichtum der Geschwülste scheitern. Es ergibt sich aber bei näherem Zusehen auch hier, daß die große *Vielgestaltigkeit der Geschwulstformen* gleichfalls nur eine neue Konsequenz des Mutationsvorganges darstellt.

Denn es leuchtet ohne weiteres ein, daß bei einheitlichem Grundvorgang der Mutation der schließliche Effekt, die Geschwulst, ganz verschieden sein kann:

1. je nach dem *Zeitpunkt* des Auftretens der Mutation in der Lebenskurve zwischen befruchteter Eizelle einerseits und dem Tod des Individuums andererseits,

2. je nach dem *Gewebe*, bei dessen Zellteilungen die Mutation auftritt,

3. je nach der *Art der Mutation*, ob Gen-, multifaktorielle oder chromosomale Mutation.

Was zunächst den *Zeitpunkt* anlangt, so hat E. SCHWALBE zwischen den während der fetalen Entwicklung auftretenden oder *dysontogenetischen* und den von fertigen Geweben ausgehenden *hyperplaseogenen* Tumoren unterschieden. Diese Unterscheidung hat manches für sich, es darf nur nicht vergessen werden, daß sie rein deskriptiv und nicht ätiologisch ist, denn auch während der Fetalzeit macht selbst eine fetale Gewebsverlagerung noch lange keine Geschwulst, sondern auch die embryonale Zelle muß erst in ihrem Genbestand mutieren, bevor sie blastogen wirkt. Außerdem besteht in der Postnatalzeit noch ein wichtiger Unterschied zwischen der *Wachstumsperiode* und der *Altersperiode* im weiteren Sinne, d. h. der Zeit jenseits des abgeschlossenen Wachstums.

Wenn die Mutationstheorie richtig ist, muß eine Geschwulstbildung auf jeder Stufe zwischen befruchteter Eizelle und dem Tod des Individuums möglich und die Form der Geschwulstbildung von der Differenzierung der Gewebe zu dem betreffenden Zeitpunkt abhängig sein.

Theoretisch müßte die Mutation zu einer Geschwulstzelle sogar *schon* bei der befruchteten *Eizelle* möglich sein. Mutiert nun wirklich bereits eine solche befruchtete Eizelle, statt einen normalen menschlichen Organismus zu bilden, in eine Geschwulstzelle, die sich dann in ihrem Produkt zu einem normalen Embryo ähnlich verhält, wie eine Gewebsgeschwulst zu seinem normalen Muttergewebe? Wir müssen uns hier hinsichtlich der formalen Genese an die Geschwulstmorphologen selbst halten. In der Tat gibt es solche Geschwülste, *Embryome* und *Embryoide* genannt. BORST, dem wir hierin und im nachstehenden folgen, sagt: ,,Es wird die *Entwicklung eines Embryos stümperhaft imitiert.*'' Zum mindesten spricht wenigstens nichts dagegen, daß solche Embryonen von einer mutierten befruchteten Eizelle ausgehen.

Nun kann natürlich eine solche Deutung nur dann Anspruch auf Gültigkeit erheben, wenn sich eine zusammenhängende Reihe von Mutationen von den Keimzellen bis zum fertigen Organismus nachweisen läßt. Die erste Stufe nach der befruchteten Eizelle ist das *Zweizellenstadium*. Genau so wie bei eineiigen Zwillingen der zweite Zwilling eine beim ersten nicht nachweisbare Mutation aufweisen kann, genau so gibt es Doppelbildungen, bei denen einem mehr oder minder normalen Fetus eine zweite Bildung als Geschwulst, meist als Teratom anhaftet.

Die nächste Stufe wäre das *Vierzellenstadium*. Hier wäre der berühmte Fall von BARTH DE LA FAILLE zu nennen. Es fanden sich ein Fetus, sodann geschwulstartige Gewebsmassen, endlich rudimentäre Embryonalhälften mit Nabelschnüren: ,,Das Ganze erscheint als eine rudimentäre Vierlingsbildung" (BORST, l. c.). Unwillkürlich drängt sich einem hier die Analogie zu BOVERIS vierpoligen Zellteilungen bei doppeltbefruchteten Seeigeleiern auf. Bei solchen Experimenten treten vier Zellen auf, von denen oft eine Zelle normale, eine Zelle vermehrte, die beiden anderen verminderte Chromosomenzahlen aufwiesen. Und wie sich im Experiment die vier Zellen verschieden entwickeln, so wäre auch im Falle BARTH DE LA FAILLE ohne weiteres bei analoger chromosomaler Mutation denkbar, daß eine der vier Zellen einen normalen Fetus, eine Zelle mit der Chromosomenvermehrung eine teratoide Geschwulst und die anderen Zellen mit Chromosomendefekten nur rudimentäre Embryohälften ergäben.

Die weitere Stufe bilden jene Geschwülste, die als sogenannte Tridermome Bestandteile aller *drei Keimblätter* enthalten. Sodann kämen die Mischgeschwülste, die aus Anteilen von *zwei Keimblättern* bestehen (Bidermome), und endlich noch Geschwülste, die, wie z. B. die mesodermalen Mischgeschwülste des Urogenitalsystems, nur Bestandteile *eines einzigen Keimblattes* aufweisen.

Eine weitere Stufe bilden jene Geschwülste, die sich, wie z. B. die *multiplen Teratome* (Dermoide), z. B. im Ovarium aus Urgeschlechtszellen, andere ähnliche Bildungen aus Ursomazellen entwickeln.

Aber auch für Mutationen an weiter vorgeschrittenen embryonalen Bildungen gibt es bei den *Teratomen* Beispiele. So lassen sich ,,z. B. Kopfteratome aus dem Gewebe des Kopffortsatzes, Steißteratome aus der Schwanzknospe, Rumpfteratome aus der Rumpfanlage" ableiten (BORST, S. 244).

Diese Bildung einer lückenlosen Serie geht aber noch weiter, sowohl zeitlich als auch histogenetisch. So würden z. B. ,,Steißteratome, die nur die Komponenten des nervösen Systems enthalten, aus den caudalen Teilen des Neuralrohres abgeleitet werden können". Weiterhin lassen sich wieder andere Geschwülste nur so verstehen, daß bei ihnen eine ganze embryonale Organanlage geschwulstmäßig mutiert, so daß die betreffende Geschwulst gewissermaßen die Stelle des betreffenden Organs einnimmt, sogenannte *Holoblastose* nach *Klebs*, während es auf der anderen Seite wiederum Mutationen gibt, bei denen eine einseitige Organanlage, wie z. B. bei einseitiger polycystischer Entartung einer Niere nur in einem Gen bei sonst normaler Organausbildung geschwulstmäßig mutiert.

Von solchen Mutationen von Zellen, die ein ganzes Organ determinieren, ist es nur ein Schritt zu den Geschwülsten, die einer Mutation von kleineren embryonalen Gewebskeimen ihre Entstehung verdanken, Mutationen, die dann zur Entstehung von weniger komplizierten *Mischgeschwülsten* Veranlassung geben. Von solchen Mischgeschwülsten mit zwei Komponenten embryonaler Gewebe ist dann der letzte Schritt getan zu jenen Geschwülsten, die aus einem Gewebe hervorgehen und zu jenen Tumoren, die im Gegensatz zu den eigentlichen dysontogenetischen Geschwülsten der Embryonalzeit zu jeder Zeit des späteren Lebens auftreten können.

Nicht geringer als die Bedeutung des Zeitpunktes der Mutation ist die *Bedeutung der Gewebe,* in denen die Geschwulstmutation auftritt. Jedenfalls zeigt die Erfahrung, daß in der Regel das Muttergewebe wesentliche Charaktereigenschaften des Tumors mitbestimmt. Wie ist nun diese gewebsspezifische Verwandtschaft zwischen Muttergewebe und Geschwulstparenchym zu denken?

Die Entwicklungsphysiologie lehrt nun (vgl. GOLDSCHMIDT[1], SCHLEIP[2]), daß bei der fortschreitenden Differenzierung der Somazellen in den einzelnen Organen und Geweben nicht alle Zellen die gesamten Gene ausnahmslos, sondern nur diejenigen aktivieren, die sie selbst funktionell gebrauchen. In dieser Frage der Aktivierung der Erbmasse spielt das Zellplasma seine Rolle. Oder man könnte auch sagen, dasjenige Erbgut, was eine Zelle z. B. als Epithelzelle nicht braucht, bleibt als unnötiger Ballast bei der Differenzierung inaktiv und latent. Diese Beobachtungen der entwick-

---
[1] GOLDSCHMIDT, R.: Physiologische Theorie der Vererbung. Berlin 1927.
[2] SCHLEIP, W.: Entwicklungsmechanik und Vererbung bei Tieren. In: BAUR-HARTMANN, Handb. d. Vererbungswiss. 1927. Liefg. 1, S. 74.

lungsmechanischen Richtung der Vererbungslehre würden verstehen lassen, daß aus einem Gewebe immer nur gewebsverwandte, aber nie völlig gewebsfremde Tumoren, aus spezifischem Schilddrüsengewebe z. B. nie Nervengeschwülste entstehen können.

Sie machte uns ferner die Beobachtung verständlich, daß aus einer differenzierten Gewebsart immer nur eine beschränkte Zahl von Geschwülsten hervorzugehen vermag. Wir sehen nämlich, daß z. B. beim Knochengewebe, für dessen Gene wir eine Reihe von Keimzellmutationen kennen (Osteogenesis imperfecta, Dystostosis cleidocranialis, Ostitis fibrosa usw.), die Zahl der Geschwülste nicht allzu groß ist: die solitären und multiplen Exostosen, die Osteome, Osteoidsarkome, Osteosarkome sind ein Beispiel für die relativ geringe Zahl von Knochentumoren. Auf andere Gewebe, wie Bindegewebe, Nervenfasern, Epithelgewebe usw. trifft grundsätzlich das gleiche zu.

Ein weiteres Postulat der Mutationstheorie geht dahin, daß von jedem Gewebe neben den neuen, mutativ entstandenen Eigenschaften auch noch zahlreiche alte Funktionen in den Tumorgeweben erkennbar sein müßten, da ja immer ein Teil, nie das ganze Erbgut mutiert. Diese Forderung wird durch die Beobachtung glänzend erfüllt. Epitheliale Geschwülste bilden Eipithelnester, vom Knochensystem ausgehende Tumoren bilden zum mindesten osteoides, wenn nicht richtiges Knochengewebe, Tumoren des Schilddrüsenparenchyms bedingen sogar Hyperthyreoidismus.

Wird somit die Erwartung hinsichtlich der Zahl der möglichen Geschwülste eines Muttergewebes und hinsichtlich einer Summe gemeinsamer Grundfunktionen zwischen Mutter- und Tumorgewebe erfüllt, so gibt es aber auch einen *Gegenbeweis*.

Da alle Zellen neben ihren Sonderleistungen auch eine Reihe von Grundfunktionen (Atmung, Assimilation, Stoffabgabe usw.) gemeinsam haben, liegt nämlich die Annahme nahe, daß wenigstens eine gewisse Zahl von Genen in allen Zellen ausnahmslos aktiviert wird. Da wohl alle Gene mutieren können, wäre theoretisch nicht undenkbar, daß Mutationen dieses gleichen Gengrundstockes in verschiedenen Geweben möglich wären. Bei der Gleichheit der Mutation müßten dann trotz Verschiedenheit der Gewebsherkunft auch mehr oder minder *gleiche Geschwülste* in verschiedenen Ausgangsgeweben möglich sein. Es scheint möglich, daß folgende Erfahrung in dieser Form zu deuten ist. BORST schreibt

(S. 47): „Es gibt eine niederste Stufe der Gewebsreife in Geschwülsten, auf welcher jeder Vergleich unmöglich wird und damit eine — auch nur wahrscheinliche — Klassifikation der betreffenden Geschwülste ausgeschlossen ist. Maligne Geschwülste sehr verschiedener Matrizes treffen sich hier gewissermaßen in einer gemeinsamen Urform."

Die *Art der Mutation*, ob uni-, multifaktorielle oder chromosomale Mutation spielt weiter sicher eine große Rolle, wenn es auch hier vorläufig nicht möglich ist, genauer zu differenzieren. Es liegt die Versuchung nahe, für maligne Geschwülste die faktoriell ausgiebigste Mutation, nämlich die chromosomale, anzunehmen. Die Tatsache, daß gerade in bösartigen Tumoren abnorme Zellteilungen und abnorme Chromosomenverhältnisse besonders häufig gefunden werden, scheint diesem Gedanken besondere Nahrung zu geben. Immerhin mahnen uns Erfahrungen mit den ebenso sicher nur durch ein Gen bedingten, wie sicher zum Krebs führenden Beispielen des Xeroderma pigmentosum und der Polyposis adenomatosa zur Vorsicht.

Zum Schluß noch einen naheliegenden *Einwand*, den der *„ortsfremden"* Geschwülste. Da die Mutationstheorie jähen Übergang einer Soma- in eine Geschwulstzelle fordert, so scheinen auf den ersten Blick ortsfremde Geschwülste einen Widerspruch darzustellen.

Ortsfremde Geschwülste entstehen nicht durch eine Mutation eines Gewebes in ein anderes, sondern sie entwickeln sich entweder aus embryonal verlagerten Zellkomplexen oder auf dem Boden einer vorherigen Metaplasie, wie es z. B. in den verhornenden Plattenepithelcarcinomen der normalerweise cylinderepithelausgekleideten Gallenblase der Fall ist. Außerdem sind ja, worauf BORST hinweist, auch die Geschwulstzellen selbst noch nachträglich einer Metaplasie fähig.

3. Pathologische Physiologie der Geschwülste.

Daß die Geschwülste noch funktionelle Leistungen vollbringen, indem sie wachsen, assimilieren, Stoffwechselprodukte, ja sogar Stoffe der inneren Sekretion abgeben, Pigment bilden usw., nimmt im Rahmen der Mutationstheorie nicht wunder, da die Geschwulstzellen neben dem mutierten auch normales Erbgut, die jene Funktionen gewährleisten, mitbekommen.

Es ist hier nur die Frage, wie die neuen, abweichenden und für die Geschwülste allein spezifischen Eigenschaften zu deuten sind. Das wichtigste Kennzeichen einer echten Geschwulst, gleichviel ob gut oder bösartig, ist das autonome Wachstum, für die bösartigen das „aktiv destruktive Wachstum" (BORST), die Metastasen- und Rezidivbildung.

a) Wachstumsautonomie. Die Eigengesetzlichkeit des Geschwulstwachstums im Gegensatz zum altruistischen Wachstum normaler Gewebe kann aus äußeren Wachstumsbedingungen niemals erklärt werden. Jede Steigerung der Zellproliferation hält nur an, so lange die abnormen äußeren Reizbedingungen anhalten, sie bildet sich mit ihrem Aufhören gleichfalls wieder zurück.

Wachstum ist an Zellteilung gebunden. Für die Zellteilung gibt es aber nicht nur extra-, sondern auch *intracelluläre Teilungsreize*. Schon physiologisch kann die verschiedene Zellteilungsgeschwindigkeit verschiedener Gewebe nur aus inneren Teilungsreizen erklärt werden. Nun hat schon BOVERI (l. c. S. 14/15) darauf hingewiesen, daß jene Änderung des Chromosomenbestandes, im besonderen jede Änderung des gegenseitigen Mengenverhältnisses zwischen Plasma und Kern einen Reiz zur Zellteilung abgeben kann, wofür er die Erfahrungen mit Seeigelkeimen ins Feld führt. Da nun die erstmalige Genänderung allen Nachkommenzellen übertragen wird, so bleibt ein solcher intracellulärer Teilungsreiz dauernd fortbestehen. Das Geschwulstgewebe wächst danach nicht mehr nach dem durch die Differenzierung vorgeschriebenen altruistischen, sondern wuchert nach „egoistischen" Gesetzen, wie sie die veränderte Gen- und Chromosomensubstanz vorschreibt.

Da es zwischen der Mutation eines Gens und der mehrfacher Chromosomen fraglos viele Übergänge gibt, so würde damit auch konform der quantitativen Änderung des vorherigen inneren Gleichgewichtes die verschiedene Abstufung der autonomen Wachstumsintensität erklärt sein.

b) Malignität. Bei dem Begriff der *Malignität* müssen gerade die Kliniker sich immer darüber klar bleiben, daß dem *Wesen* der Geschwülste selbst nach ein grundsätzlicher Unterschied zwischen gutartigen und bösartigen Geschwülsten *nicht* besteht. „Die Unterscheidung der Geschwülste in benigne und maligne ist ... keine wissenschaftliche, sondern eine praktische, keine pathologisch-anatomische, sondern eine klinische" (E. ALBRECHT[1]). „Malignität und Benignität sind nur Wachstumserscheinungen. Es gibt keine bösartigen Zellen" (RIBBERT[2]). Auch die modernen Stoffwechseluntersuchungen der Tumoren bestätigen „die Erfahrungen der Pathologie, daß zwischen gutartigen und bösartigen Tumoren keine prinzipiellen, sondern nur graduelle Unterschiede bestehen" (O. WARBURG[3]).

„*Aktiv* destruktives Wachstum *körpereigener* Zellen" als Kennzeichen der Malignität (BORST) dürfte wohl hauptsächlich bei multifaktoriellen und chromosomalen Mutationen vorkommen; dafür gibt es zunächst schon einen wichtigen morphologischen Hinweis, nämlich die Tatsache, daß gerade besonders bösartige Tumoren durch zahlreiche abnorme Kernteilungen und Vermehrung der Chromosomen ausgezeichnet sind. Jeder Zuwachs an Chromosomen bedeutet aber zugleich ein Plus an neuen Eigenschaften und ein Minus an physiologischer Angeglichenheit. Daß mit der Potenzierung der funktionellen Eigenschaften Wachstumsvorgänge beschleunigt, physiologische Grenzlinien überschritten und durch funktionelles Übergewicht über die Ausgangszellen schließlich normale Gewebe zerstört werden können, bedeutet dann nur eine weitere Konsequenz der mutativen Veränderung der Chromosomenzahl. Besonders wenn man sich mit DRIESCH, HAGEDOORN und GOLDSCHMIDT[4] die Gene als enzymartige Substanzen vorstellt, so wird zwar die Malignität nicht erklärt, aber immerhin verständlich.

c) **Metastasenbildung.** Die Bildung von Tochtergeschwülsten ist ein weiteres Kennzeichen bösartiger Tumoren. Wie die Morphologie lehrt, entstehen sie aus hämato- oder lymphogen oder sonstwie verschleppten Geschwulstzellen. Daß eine einzige Blastomzelle zum Wiederaufbau einer ganzen Geschwulst befähigt ist, wissen wir z. B. von ROUS' Sarkom, wo bei der Gewebszüchtung eine einzige Zelle zur Regeneration des Sarkoms genügt.

---

[1] ALBRECHT, E.: Die Grundprobleme der Geschwulstlehre. II. Das Problem der Malignität. Frankfurt. Zeitschr. f. Pathol. 1, 377. 1907.
[2] RIBBERT, H.: Geschwulstlehre. Bonn 1904. S. 99.
[3] WARBURG, O.: Über den Stoffwechsel der Carcinomzelle. Klin. Wochenschr. 1925. Nr. 12, 534.
[4] GOLDSCHMIDT, R.: Einführung in die Vererbungswissenschaft. 5. Aufl S. 522. Berlin 1928.

Die Verschleppung von Zellen im Körper ist an sich noch kein Reservat maligner Tumoren. Wir wissen von Knochenmarksriesenzellen, Chorionepithelzellen, daß sie oft genug, besonders auf dem Blutwege, verschleppt werden. Solche Zellen geraten aber damit sofort unter neue Bedingungen, an die sie nicht angepaßt sind; sie gehen demzufolge wohl ausnahmslos zugrunde und bilden somit niemals den Ausgangspunkt für ein neues Gewebe, welches sich von ihnen ableitet.

Wohl gehen auch — vielleicht sogar die Mehrzahl — verschleppte Tumorzellen zugrunde, aber ein nicht geringer Teil vermag sich doch dank seiner neuen Eigenschaften auch am neuen Ort zu halten und zu vermehren. Damit ist aber zugleich die Voraussetzung für die Bildung gleichfalls maligner, gleichfalls destruktiv wachsender Tochtergeschwülste gegeben.

Die Tatsache, daß die Metastasen maligner Geschwülste gewisse Organe oder Systeme wie das Prostatacarcinom das Knochensystem bevorzugen, andere Organe, wie z. B. die Milz oder ganze Gewebssysteme, wie die Muskulatur, meist verschonen, besagt nur, daß für die Ansiedlung an neuen Orten auch lokale Begünstigungen, gewebliche Affinitäten und allgemeine Eigenschaften des betreffenden Körpers mit eine Rolle spielen. Mit dem Wesen der Mutationtheorie haben diese Beobachtungstatsachen unmittelbar nichts zu tun.

d) Rezidivbildung. Die Entstehung einer neuen gleichartigen Geschwulst nach operativer Entfernung der ursprünglichen (Rezidiv) bedeutet für keine Geschwulsttheorie eine Schwierigkeit, wenn sich der neue Tumor alsbald aus zurückgelassenen Geschwulstzellen entwickelt. Theoretisch muß eine einzige lebens- und teilungsfähige Geschwulstzelle zum Grundstock einer neuen Geschwulst werden können, genau so wie es die erste Mutationszelle für den ursprünglichen Tumor gewesen war.

Ob es sich um örtliche Rezidive am Ort der ersten Geschwulst, um regionäre im Bereich des zugehörigen Lymphgefäßnetzes oder um Impfrezidive in operativ gesetzten Wunden handelt, ist für das Prinzip der Rezidivierung belanglos.

Diese Fragen sind auch schon deswegen von nur sekundärer Bedeutung, als sie nur Funktionen der voll ausgebildeten Geschwülste, nicht aber die Geschwulstentstehung selbst betreffen. Immerhin müssen sie auch daraufhin geprüft werden, ob nicht die eine oder andere Erfahrungstatsache der pathologischen Physiologie der Gentheorie widerspricht.

Bei der Rezidivbildung liegt es nahe, das sogenannte *Spätrezidiv* gegen die behauptete intracellulär bedingte Vermehrungstendenz der Blastomzelle ins Feld zu führen. Handelt es sich wirklich um ein echtes Rezidiv, d. h. um die Entstehung aus einer bei der Entfernung schon vorhandenen Zelle, so zeigt das nur, daß auch bösartige Zellen der Gegenwirkung des Gewebes am Ort und des Organismus überhaupt unterworfen sind, wissen wir ja von eindrucksvollen Einzelfällen (GULEKE[1]), daß z. B. im Schädelinneren und in der Rückenmarkshöhle der starke Gegendruck das Tumorwachstum erheblich behindern und Wegfall des Druckes z. B. durch Laminektomie das Wachstum ungemein beschleunigen kann.

Oft genug aber wird es sich bei sogenannten Spätrezidiven nicht um ein wirkliches Rezidiv, d. h. um eine celluläre Kontinuität zwischen erster und zweiter Geschwulst, sondern um eine Wiederholung der gleichen Mutation handeln. Denn wenn schon einmal in einem Organ alle Bedingungen zur Geschwulstentstehung vereint waren, so ist nicht einzusehen, warum nicht zu einem späteren Zeitpunkt nochmals die gleichen Faktoren eine gleiche Geschwulst bedingen sollten.

III. Anwendung der Mutationstheorie auf die allgemeine Ätiologie der Geschwülste.

Unter den Todesursachen der heutigen Zeit steht der Krebs mit an erster Stelle. So ist das Geschwulstproblem im wahrsten Sinne des Wortes eine der vordringlichsten Aufgaben der Medizin. Die Geschichte anderer mörderischer Krankheiten (Cholera, Pest, Diphtherie, Pocken) zeigt nun, daß wirklich grundlegende Fortschritte ihrer Bekämpfung stets an eine grundlegende Erkenntnis über die Entstehung jener Krankheiten geknüpft waren. Alle große Therapie und Prophylaxe ist eine kausale. Bei jenen Krankheiten ist das exogene Moment, der Bacillus, gewissermaßen alles. In anderen Fällen aber, wo die kausale und formale Genese genau so weit aufgeklärt ist, wie z. B. bei der Tuberkulose, ist von einer grundlegenden Rückwirkung auf die Therapie keine Rede. Es

---

[1] GULEKE: Beobachtungen über die Schnelligkeit des Geschwulstwachstums. Dtsch. Zeitschr. f. Chirurg. **200**, 524—533. 1927.

kommt das daher, daß bei der Tuberkulose wohl auch die exogene Ursache, der Bacillus, vorhanden sein *muß*, daß er jedoch nur für die Entstehung, aber nicht so sehr für den Verlauf der Krankheit eine Rolle spielt. Hier steht das endogene Moment der Konstitution im Vordergrunde.

Dieser Vergleich soll nur das Grundsätzliche jeder Therapie dartun und auch für die Geschwülste klarmachen, daß eine Vertiefung unserer Vorstellung nicht a priori das Rätsel der Krebsbehandlung lösen kann. Von vornherein aber steht fest, daß die Frage, ob exogene oder endogene Ursachen die Geschwulstentstehung beherrschen, zugleich auch für die Aussichten einer Geschwulstbekämpfung entscheidend ist.

1. Grundsätzliches.

So groß sicherlich der Fortschritt ist, wenn wir in der Frage der *Ätiologie* wenigstens die formale Genese der Geschwülste nach dem einheitlichen Gesichtspunkt einer Mutation somatischer Zellen zusammenfassen können, so kann die Frage nach den letzten Ursachen der Geschwulstentstehung unmöglich bei diesem bloßen ,,Wie" stehen bleiben, vielmehr muß eine allgemeine Ätiologie der Geschwülste auch das weitere übergeordnete ,,Warum", die *kausale Genese*, in den Kreis der Untersuchungen ziehen. Schon 1886 hat VIRCHOW[1] nachdrücklich ganz allgemein darauf aufmerksam gemacht, daß auch ,,eine erbliche Variation irgend einmal durch eine causa externa, durch eine Veränderung der Lebensbedingungen entstanden sein muß". Irgendwie muß natürlich auch der *Mutationsvorgang ursächlich bedingt sein*.

Die Medizin wird immer irren, wenn sie nach nur einer einzigen oder *der* Krebsursache sucht. Die Geschwulstentstehung ist ein genbiologischer, ein chromosomaler, ein cellulärer, kurz ein biologischer Vorgang, und wie alles biologische Geschehen, so ist auch dieses abhängig von dem Zusammentreffen sowohl exogener, wie endogener Faktoren, denn ohne Umwelt kann kein Gen seine Wirkung entfalten, und ohne die cellulären Organe der Gene und Chromosomen wäre auch alle Umwelt biologisch ohne Wirkung. Beides gehört immer zusammen und ist immer zusammen, und wenn wir es trennen, so ist es nur aus didaktischer Rücksicht.

---

[1] VIRCHOW, R.: Descendenz und Pathologie. Virchows Arch. f. pathol. Anat. u. Physiol. **108**, 1. 1886.

Anwendung der Mutationstheorie auf die allgemeine Ätiologie. 51

Die Geschwulstentstehung ist dem Prinzip nach vergleichbar der Resultante eines Kräfteparallelogramms, dessen einen Schenkel äußere, dessen anderen Schenkel innere Wirkungsfaktoren ausmachen. An beiden Schenkeln können Kräfte ganz verschiedener Art ansetzen und wirksam, beide Schenkel können jeweils ganz verschieden stark sein, immer aber ist die Mutation der gemeinsame Punkt, in dem sich die ursächlichen Kräfte begegnen, und die Resultante des Kräfteparallelogramms die einheitliche Linie der formalen Genese einer Geschwulst, sobald erst einmal die Mutation erfolgt ist. Wir charakterisieren dieses an sich untrennbare Zusammenspiel jener beiden Faktorengruppen an zwei *Beispielen* der beiden gegensätzlichen Extreme. In dem einen Falle sollen exogene, in dem anderen endogene Faktoren ausschlaggebend sein.

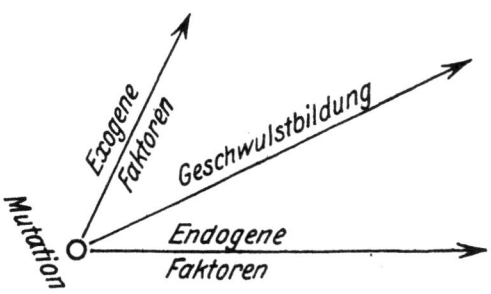

Abb. 4.
Schema zur Veranschaulichung des Zusammenwirkens exo- und endogener Faktoren bei der Geschwulstgenese.

Wir sehen z. B. den experimentellen Teerkrebs bei Kaninchen oder Mäusen mit der gleichen Sicherheit auf die rein exogene Noxe hin entstehen, wie der Träger der erblichen Anlage zum Xeroderma pigmentosum auf rein endogener Grundlage mit tödlicher Sicherheit sein Carcinom bekommt.

So sicher es ist, daß in diesen beiden Beispielen jeweils ein Schenkel das entscheidende Übergewicht hat, so verkehrt wäre es, selbst in diesen extremen Fällen den anderen Schenkel ganz zu vernachlässigen.

Denn wir sehen selbst bei so mächtigen exogenen Krebsfaktoren, wie z. B. beim Anilin-, beim Schornsteinfegerkrebs des Menschen, beim Teerkrebs der Mäuse usw., daß diese Noxen, so sicher sie Krebs erzeugen, doch auch nur bei einem Teil der Betroffenen wirksam sind. Es müssen also auch hier noch endogene Faktoren hinzukommen, die jenen Noxen bei den einen Individuen die Krebserzeugung gestatten, bei den anderen verhindern.

4*

Und umgekehrt sehen wir auch beim Xeroderma pigmentosum, daß die übermächtige erbliche Anlage nicht allein genügt, auch hier bedarf es erst noch der äußeren Einwirkung des Lichtes, damit auf dem Boden der ererbten hochgradigen Strahlenüberempfindlichkeit der Haut Krebs entsteht. Wohl vernachlässigen wir den exogenen Fakor für gewöhnlich, weil er alltäglich, ubiquitär und physiologisch ist. Die Fiktion ist durchaus erlaubt, daß der Xerodermakranke im Dunkeln kein Carcinom bekäme. Was für die normale Haut z. B. das Röntgenlicht, das ist eben für die Haut des Xerodermakranken bereits das Tageslicht. Und es ist interessant, daß die Haut des Xerodermakranken gegen Röntgen doppelt und dreifach empfindlich ist, während für chemische Reize (Cantharidenpflaster, Terpentin usw.) eine erhöhte Empfindlichkeit nicht besteht (MARTENSTEIN [1]).

Wir sehen also, daß auch in den extremen Fällen, so sehr der eine Fakor überwiegt, der andere doch nicht ganz auszuschalten ist.

In der großen Mehrzahl der Fälle ist es also erst das Zusammentreffen von exogenen mit endogenen Faktoren, welches die Vorbedingungen für das Auftreten einer Mutation abgibt.

Dieses grundsätzliche Moment vorausgeschickt, wollen wir nun die beiden Faktorengruppen getrennt untersuchen.

2. Exogene Faktoren bei der Geschwulstentstehung.

Die *exogenen Faktoren der Geschwulstentstehung* spielen in der Geschwulstpathologie eine so große Rolle, daß manche Theorien, wie z. B. die Reiztheorie VIRCHOWs sie allein in den Vordergrund stellen.

Von vornherein kann von allen exogenen Faktoren gesagt werden,
1. daß sie auf einer Reizwirkung beruhen,
2. daß nach Überschreiten eines Schwellenwertes die Wahrscheinlichkeit der Geschwulsterzeugung mit der Dauer, Intensität und Flächenausdehnung der Reizwirkung steigt,
3. daß die Reize samt und sonders unspezifisch sind,
4. daß sie alle nur formativ, d. h. lediglich auf dem Umwege über eine überstürzte Zellproliferation wirken,
5. daß sie geschwulsterzeugend nur wirken, wenn sie mutationserzeugend, d. h. gen- oder chromosomenändernd sind.

---

[1] MARTENSTEIN, H.: Experimentelle Untersuchungen über Strahlenempfindlichkeit bei Xeroderma pigmentosum. Arch. f. Dermatol. u. Syphilis 147, 499—508. 1924.

Die *Reizwirkung*, die zur Geschwulstbildung führen kann, ist eine ungemein vielgestaltige. Es ist nicht die Aufgabe vorliegender Abhandlung, all ihre Möglichkeiten und Formen zu würdigen. Grundsätzlich ist von Bedeutung, daß es bald (in seltenen Fällen) einmalige traumatische Einwirkungen, bald chemische, bald thermische, bald aktinische, bald parasitäre oder infektiöse Einflüsse sind.

Jedenfalls gibt es in dieser Hinsicht zahlreiche Beobachtungen — es sei nur an den Anilin-, Schornsteinfeger-, Paraffin- und Röntgenkrebs erinnert —, die fraglos als „Berufskrebse" den Wert eines, wenn auch unfreiwilligen, so aber doch eindeutigen Experimentes mit *chemischen Reizstoffen* am Menschen haben.

Oder um nur ein Beispiel *aktinischer Reizwirkung* in diesem Zusammenhang zu bringen, so sei darauf verwiesen, daß der gewöhnliche Hautkrebs fast nur an den dem Licht ausgesetzten Hautpartien (Hals, Gesicht, Hände) auftritt.

Alle exogenen Geschwulstnoxen sind Reiznoxen (Irritationsfaktor der Geschwulstgenese).

Zu der Reizwirkung als solcher muß aber noch ein zweites hinzukommen. Auf äußere Reize hin wird die Wahrscheinlichkeit der Geschwulstentstehung gleichzeitig mit zunehmender *Dauer, Intensität und Flächenausdehnung* der Reizeinwirkung größer.

So ist die Häufigkeit des Hautkrebses bei den Bevölkerungsgruppen am größten, die berufsmäßig ihre Haut besonders lange, besonders intensiv und in größerer Flächenausdehnung dem Lichte aussetzen, wie das bei Bauern und Seeleuten („Landmannshaut" JADASSOHNS, „Seemannshaut" UNNAS) zutrifft. Beim Röntgenlicht bewegen sich diese Werte nach Dauer, Intensität und Flächenausdehnung innerhalb des exakt Meßbaren (vgl. BLOCH, l. c.), was für die wissenschaftliche Erforschung von grundsätzlicher Bedeutung ist. Selbstverständlich gibt es für alle Geschwulstnoxen auch eine obere Grenze, wo eben nicht mehr gereizt, sondern vernichtet wird.

Es ist also LUBARSCH[1] und LOEB[2] nur zuzustimmen, wenn sie auf Stärke und Einwirkungsdauer großes Gewicht legen, wir möch-

---

[1] LUBARSCH, O.: Der heutige Stand der Geschwulstforschung. Klin. Wochenschr. 1922. Nr. 22.

[2] LOEB, L.: Quantitative relations between the factors causing cancer and frequency of the resulting cancerous transformation. Journ. of Cancer Research 8, 274. 1924.

ten noch die Flächenausdehnung hinzufügen. Es spielen also bei der Reizeinwirkung Mengenverhältnisse der Zeit, Reizmenge und Fläche eine eindeutige Rolle (*Quantitätsfaktor* der Geschwulstgenese).

Der Bedeutung von Dauerreizen scheint die Erfahrung mit traumatisch bedingten Tumoren zu widersprechen. An sich kann, so selten das auch vorkommen mag und so klar die Voraussetzungen im Falle von Begutachtungen erfüllt sein müssen, an der *Rolle einmaliger Traumen* in der Genese von Geschwülsten, besonders von Sarkomen nicht gezweifelt werden. Erst jüngst wieder hat LACNY[1] einen überzeugenden Fall mitgeteilt, wo nach einer Tibiafraktur zunächst Konsolidation erfolgt und wo schon nach kurzem, 1 Monat langem Zwischenintervall an der Frakturstelle Tumorsymptome auftraten, die Probeexzision ergab Chondrosarkom, trotz Amputation erfolgt der Tod nach $^1/_2$ Jahr.

Aber auch in solchen Fällen spielt das Trauma nur das zeitlich kurze erste Ereignis, die regenerativen Vorgänge selbst dauern aber natürlich viele Monate. Es leuchtet ein, daß gerade die große Seltenheit solcher, an sich unleugbarer Vorkommnisse als Ausnahme die Regel von der Bedeutung des quantitativen Momentes der Geschwulstnoxen nur bestätigt.

Daß alle exogenen Geschwulstnoxen unspezifisch sind, liegt heute offen auf der Hand. Mit Recht sagt BORST[2]: ,,Nachdem durch die *allerverschiedensten* Reizstoffe mechanischer, chemischer, aktinischer, parasitärer Art experimentell Krebs erzeugt worden ist, sollte man doch endlich von dem Gedanken einer Spezifität der Reize abkommen." Wir kommen darauf beim experimentellen Krebs nochmals zurück.

Wie man auch das weite Gebiet äußerer Geschwulstnoxen betrachtet, immer ist es also zunächst die ungemeine Vielgestaltigkeit und Vielseitigkeit der in Betracht kommenden Faktoren, die den ersten Eindruck bestimmt.

Wie aber sind all diese vielen kausalen Faktoren im formalen Geschehen auf einen Generalnenner zu bringen? Die Antwort gibt die vergleichende Morphologie der verschiedenen Tumoren und der

---

[1] LACNY, P.: Knochensarkom nach Trauma. Zeitschr. f. tschechoslov. Orth. Ges. 1927. S. 655. Ref. Zentralorg. f. d. ges. Chir. 40, 550. 1928

[2] BORST, M.: Über Teerkarzinoide. Zeitschr. f. Krebsforsch. 21, 340. 1924.

ihrer Entstehung vorausgehenden Gewebsänderungen. Es zeigt sich nämlich, daß alle Reizwirkung, wie beschaffen sie auch sei, im Körper selbst sich *formativ* auswirkt. Die reaktive Zellpoliferation mit ihren reichlichen, oft genug sich überstürzenden Zellteilungen ist der einheitliche Weg, den alle äußeren Einwirkungen einschlagen müssen, wenn sie zuletzt eine Geschwulst erzeugen sollen. *Vielgestaltig ist der Reiz, aber einheitlich seine formative Wirkung.*

Nun wurde aber schon wiederholt betont, daß alle überstürzte Zellproliferation, daß alle Steigerung der Zellteilung immer noch lange keine Geschwulst erzeugt, da sich dabei alle Zellen nur an die neuen pathologischen Bedingungen anpassen. Alle Zellhyperplasien sind zunächst nur Zellmodifikationen. Eine Zellmutation und unter den Mutationen eine Geschwulstmutation entsteht erst, wenn bei den vielen überstürzten Zellteilungen eine Zellteilung so entgleist, daß ihr bei der Zellteilung mit einem Plus an Genen oder gar Chromosomen soviel neue Funktionsträger zuerteilt werden, daß sie nunmehr dem Angewiesensein auf die Umgebung entwächst und selbständig für sich, unter Zerstörung der ihr entgegenstehenden Zellen sich weiter entwickelt.

Mit anderen Worten: All die exogenen Noxen schaffen in Gestalt der Zellproliferation Vorbedingungen, oft sogar unumgängliche Vorbedingungen, eine Geschwulst erzeugen sie aber aktiv nicht. Die Geschwulst entsteht nur, wenn unter jenen Tausenden von Kernteilungen einmal auch eine solche zustande kommt, bei der die Zelle alles das an Chromosomengut zuerteilt erhält, was für blastomatöses Wachstum erforderlich ist. Erst dann, wenn *die äußeren Faktoren* nicht nur die äußere Reaktionsweise der Zellen beeinflussen, sondern wenn auf dem Boden der Zellmodifikation auch eine innere Änderung der Zelle in Gestalt einer Gen- oder Chromosomenmutation eingetreten ist, sind sie *dem Effekt nach „krebserzeugend" geworden, dem Reiz nach sind sie nur formativ.*

Es leuchtet ein, daß hierbei aber immer noch ein Rest des Unerklärten bleibt. Die Frage, warum unter den tausenden von proliferierenden Zellen schließlich nur eine zur Carcinomausgangszelle wird, ist noch völlig offen. Bevor wir aber zu dieser von den geläufigen Geschwulsttheorien meist vernachlässigten Fragestellung nehmen, müssen erst noch die vielen endogenen Faktoren der Geschwulstentstehung untersucht und gewürdigt werden.

3. Endogene Faktoren.

Die Ära der Cellularpathologie, die den Krebs vorwiegend im Lichte der Irritationstheorie sah, hatte für endogene Ursachen wenig übrig. Jahrhundertelang (vgl. J. WOLFF[1]) vorher hatten die Ärzte, zuletzt unter Führung der Wiener Schule, besonders durch ROKITANSKY, die „Krebsdiathese" als das Maßgebende angesehen und wenn Männer, wie BILLROTH, die konstitutionelle Seite in den Vordergrund stellten, so kann das wohl unmöglich alles Unsinn gewesen sein. Was ist nun nach dem heutigen Stande unseres Wissens bleibender Kern an der Lehre von den endogenen Faktoren, was ist unerlaubte, übertriebene Verallgemeinerung an sich richtiger Einzelbeobachtungen?

Die alte ROKITANSKYsche Lehre des Antagonismus von Krebs (Habitus apoplecticus) und Tuberkulose (Habitus phthisicus) kam erstmals in den Bereich von Maß und Zahl, als BENEKE[2], der pathologisch-anatomische Vater der heutigen Konstitutionslehre, durch Körpermessungen an Leichen ein zahlenmäßiges Überwiegen von Krebs bei Leichen mit bestimmten anatomischen Kennzeichen (großes Herz, kleine Lungen, gut entwickelte Leber usw.: sogenannte carcinomatöse Konstitutionsanomalie) nachwies. COHNHEIM[3] hat später unter Zuhilfenahme des Körperbauindex von BECHER und LENNHOFF gefunden, daß Krebs unter 279 Fällen bei dem breiten und fettsüchtigen Habitus achtmal so häufig gefunden wurde, als beim Astheniker und hält demzufolge „eine bestimmte Konstitution für den Krebs des Digestionstractus" für sicher.

Von der Familie *Brocas* mit ihren 16 Krebstodesfällen in drei Generationen angefangen, über die engere Familie Napoleons mit ihren 5 Krebstodesfällen hat es im medizinischen Schrifttum eine zunehmende Literatur über „Krebsfamilien" und „Erblichkeit von Geschwülsten" gegeben. Ein großer Teil dieser Kasuistik ist wertlos, soweit wenigstens diese Fälle einseitig nach dem Merkmal „Häufung von Krebs" ausgesucht sind. Solche Zusammenstellungen geben ein ganz schiefes Bild von dem Gesamtproblem, da

---

[1] WOLFF J.: Die Lehre von der Krebskrankheit. 1, 176, 317, 365. Jena 1907.
[2] BENEKE, F. W.: Constitution und constitutionelles Kranksein des Menschen. Marburg 1881.
[3] COHNHEIM, P.: Die Körperkonstitution beim Krebs der Verdauungsorgane. Zeitschr. f. Krebsforsch. 10, 317. 1911.

ja Familien gewissermaßen mit negativer Häufung nicht untersucht und gezählt zu werden pflegen. Außerdem ist die Geschwulstbildung so häufig, daß von vornherein schon durch bloßen Zufall gelegentlich familiäre Häufung vorkommen muß. Wir brauchen auf jene statistischen Arbeiten um so weniger in diesem Zusammenhang eingehen, als uns anderweitig beweiskräftigeres Material zur Verfügung steht.

Wir fragen zunächst einmal: Gibt es überhaupt zunächst ganz allgemein betrachtet eine *erbbiologisch bedingte Geschwulstbereitschaft beim Menschen*? Dafür seien mehrere, bindend beweisende *Beispiele* angeführt.

HEDINGER[1] beschrieb 1915 eine Beobachtung von primärem Leberkrebs bei zwei Schwestern, die innerhalb einer Woche zur Sektion gelangt waren. Bedenkt man, daß es sich beim primären Leberkrebs um eine seltene Tumorform handelt, daß in beiden Fällen sich gleichzeitig noch andere Geschwülste (Psammom der Dura mater und Struma suprarenalis bei der einen, multiple Hautangiome, Hautfibrom und papillärer Naevus bei der anderen) entwickelt hatten und daß es sich um Schwestern gehande t hatte, so ist die Möglichkeit des bloßen Zufalles fast Null und die Wahrscheinlichkeit gleicher endogener Bedingtheit fast eine Sicherheit.

Sollte aber jemandem dieses Beispiel nicht beweisend genug erscheinen, so seien in den weiteren Beispielen Fälle von *Geschwülsten bei eineiigen Zwillingen* angeführt. An sich würde Tod an Krebs, z. B. bei beiden Zwillingen noch nichts besagen, da die Carcinomhäufigkeit so groß ist, daß ein solches Zusammentreffen gelegentlich einmal allein dem Zufall nach eintreten muß, dagegen sind Fälle von Geschwülsten bei den ja stets erblich gleich veranlagten Eineiern am gleichen Organ und von gleichartigem Bau und zu gleicher Zeit auftretend fraglos ein zwingender Beweis für die Übermächtigkeit endogener Anlagen in einzelnen Fällen.

So beschrieb z. B. v. SZONTAGH[2] eineiige Zwillinge, die beide zu gleicher Zeit, unter gleichen Symptomen, an einem histologisch identischen Kehlkopfpapillom erkrankten. BURKARD[3] teilte eine

---
[1] HEDINGER, E.: Primärer Leberkrebs bei zwei Schwestern. Zentralbl. f. allgem. Pathol. **26**. 1915.

[2] v. SZONTAGH: Über Disposition. Berlin 1918.

[3] BURKARD, H.: Gleichzeitige und gleichartige Geschwulstbildung in der linken Brustdrüse bei Zwillingsschwestern. Dtsch. Zeitschr. f. Chir. **169**, 166—174. 1922.

Beobachtung an Zwillingsschwestern mit, die beide fast zu gleicher Zeit, an gleicher Stelle ein histologisch völlig gleichartiges Fibroadenom der Mamma bekamen. HALLIDAY-CROOM[1] endlich berichtet über eineiige Zwillingsschwestern, die beide am gleichen Tage ihre erste Menstruation, im gleichen Jahre ihre Menopause bekommen hatten und beide im gleichen Jahr an einem histologisch gleichartigen Tumor des Uterus (Adenocarcinom), beidemal bei gleichzeitig vorhandenem Myom des Uterus erkrankten.

Gerade die letzten drei Beispiele beweisen die *Entstehung von Geschwülsten auf erbbiologischer Grundlage* mit vollkommener Sicherheit.

Nun ist allerdings in diesen Beispielen unmöglich zu sagen, ob diese genbiologisch bedingte Geschwulstentstehung auf die gesamte Erbfaktorenkombination, oder auf eine besonders günstige Kombination mehrerer Gene oder nur auf ein einziges mutiertes Gen zu beziehen ist.

Aber auch für eine *unifaktorielle Bedingtheit von Geschwülsten* gibt es bei Mensch und Tier zureichendes und eindeutiges Beweismaterial. Wir wählen als Ausgangspunkt für diese Beweisführung die systematisierten, primär multiplen Geschwülste.

Auf den ersten Blick möchte man vielleicht glauben, die Tatsache gleichzeitiger, gleichartiger, über ein ganzes Gewebssystem sich erstreckender sogenannter *systematisierter Geschwülste* würfe die Mutationstheorie über den Haufen. Denn wie soll man annehmen, daß der Mutationsvorgang, der doch an das Zusammentreffen vieler Faktoren (s. a. später S. 66) gebunden erscheint, an vielen Stellen zu gleicher Zeit und in gleicher Art auftreten sollte?

Untersuchen wir die Frage wiederum an einer Reihe von konkreten Beispielen.

Bei den multiplen *Ekchondrosen* und Exostosen, dem Xeroderma pigmentosum und des Polyposis adenomatosa handelt es sich um drei Beispiele von Systemerkrankungen, die nach der monohybriden Vererbung sicher durch ein einziges Gen bedingt sind. Die bei allen drei Krankheiten auftretenden Tumoren entstehen aber nicht als unmittelbare Genauswirkung, sondern erst mittelbar auf dem Boden einer abnormen Gewebsbeschaffenheit. Es war schon oben die Rede davon, daß beim *Xeroderma* nur die

---

[1] HALLIDAY-CROOM: Adenocarcinom des Uterus, zugleich mit Myom bei Zwillingsschwestern. Zentralbl. f. Gynäkol. 1913. Nr. 3, 144.

hochgradige Strahlenempfindlichkeit der Haut erblich ist und daß zur Krebsentstehung noch die Lichtwirkung hinzukommen muß, um auf der Grundlage der abnormen erblichen Reaktionsweise Carcinome und dann meist multiple entstehen zu lassen. Erblich ist also nicht der Krebs als solcher, sondern nur die abnorme Reaktionsweise der Haut, auf Licht mit intensivster Epithelwucherung usw. zu reagieren. Bei der Ausbreitung der Anomalie über die ganze Haut ist es schließlich bei der Dauer der Einwirkung, der Fülle geweblicher Veränderungen und der Fortdauer der exogenen Noxe nur eine Frage der Zeit, wann dann die entscheidende Mutation eintritt.

Auch bei der *Polyposis adenomatosa* ist nicht der Darmkrebs selbst als solcher erblich, vielmehr ist auch hier nur eine ,,flächenhafte gewaltige Schleimhauthypertrophie, eine schwere Gewebsmißbildung" (SCHMIEDEN[1]) und damit eine Neigung zur ausgedehnten Polypenbildung erblich. Diese Polypen führen nun allein schon mechanisch zu allen möglichen Störungen, es kommt zu Reizzuständen, Ernährungsstörungen, beginnenden Invaginationen und damit zu allen Formen der Epithelwucherungen, Zellhyperplasien und bei der Masse der betroffenen Zellen ist es auch hier nur eine Frage der Zeit und damit des Alters, wann irgendeine der betroffenen Zellen mutiert, zum Adenocarcinom Veranlassung gibt und dann zum Tode führt. Gerade unter dem Eindruck dieses Beispiels gelangte auch SCHMIEDEN dahin, das Wesen der Tumorgenese ,,in örtlicher Gewebsdisposition in Verbindung mit chronischen Reizen zu suchen" (S. 519).

In beiden Fällen ist also nicht die Geschwulst selbst erblich, sondern nur eine abnorme Beschaffenheit der Gewebe. Diese Anlage wirkt sich jeweils nur deswegen deletär aus, weil in beiden Fällen schon die physiologischen Lebensverhältnisse genügen, um auf weite Flächen zahllose Epithelhyperplasien zu veranlassen. Bei dieser Fülle wächst mit der Zahl dieser Atypien die Wahrscheinlichkeit der entscheidenden Mutation so weit, daß sie schließlich zur Gewißheit wird. In allen diesen und ähnlichen Fällen ist also die erbliche Anlage zwar stets eine notwendige, aber doch nicht allein zureichende Bedingung für die Entstehung maligner Tumoren.

---

[1] SCHMIEDEN, V.: Präcanceröse Erkrankungen des Darmes, insbesondere Polyposis. Chirurg.-Kongr. 1926. Arch. f. klin. Chirurg. 142, II, 512. 1926.

Man könnte nun gerade in diesem Zusammenhang vielleicht versucht sein, mit E. SCHWARZ[1] anzunehmen, es gäbe Menschen, „die von allem Anfang an, an bestimmten Stellen ihres Körpers Krebszellen haben, gerade so, wie sie an anderen Leber- oder Knochenmarkszellen ausbilden oder... wie bei einem Tiger an bestimmten Stellen seiner Haut Pigmentzellen entstehen". Eine solche Vererbung von Tumorzellen ist eine Utopie.

Vielmehr ergibt sich in solchen Fällen als *konstitutionelle Grundlage für die Geschwulstbereitschaft* lediglich eine genotypisch bedingte Gewebsminderwertigkeit ganzer Gewebssysteme. Auf Grund dieser abnormen Reaktionsweise führen bereits physiologische Einwirkungen zu einer so universellen und flächenhaft ausgedehnten Gewebsproliferation, daß innerhalb gewisser Zeiträume bei dem Überangebot an erfüllten Vorbedingungen schließlich die Geschwulstmutation eintreten *muß*.

Es gibt sonach *keine* „Krebsvererbung" im wissenschaftlichen Sinne, d. h. keine Übertragung der Erkrankung selbst auf dem Wege über mendelnde Gene, sondern biologisch stellt sich die Frage dar als *Vererbung von Gewebsminderwertigkeiten, die bei hinzukommenden äußeren Faktoren die Geschwulstentstehung wesentlich begünstigen.*

Da es außer den erwähnten drei Beispielen noch zahlreiche ähnliche, sinnfällige, tumorbedingende Systemerkrankungen (Neurofibromatose, multiple Myelome, Chondromatosis des Skelets, Rundzellensarkomatose, tuberöse Sclerose usw.) und sicher auch noch bislang unbekannte, ähnliche Gewebsminderwertigkeiten gibt, so ist fraglos anzunehmen, daß die schon oft theoretisch geforderte Tumordisposition in der verschiedensten Form vorkommt, daß sie sich aber erst im Verein mit äußeren Reizen auswirkt.

In den angeführten Beispielen systematisierter, primär multipler Tumoren handelte es sich nur um ein Gewebssystem und um gleichartige Tumoren eben jenes Gewebsystems.

Nun gibt es aber sicherlich auch *multiple Tumoren verschiedener Gewebe und Organe* und dementsprechend auch verschiedenartiger Geschwulstform, Fälle, für die dann bei den Tumoren „nur die Multiplizität, aber nicht die Lokalisation der Tumoren" charakteri-

---
[1] SCHWARZ, E.: Tumorzellen und Tumoren. Zeitschr. f. Krebsforsch. **19**, 171—180. 1923.

stisch ist (RÖSSLE[1]). So beschrieb RÖSSLE z. B. einen Fall mit folgenden Tumoren: Malignes Myom und gutartige Myome des Uterus, malignes Lipom der Leber, zahlreiche Fibromyome beider Nierenkapseln und ein einseitiges Hypernephrom.

HEDINGER[2] sah folgende Kombination: Carcinom des Magens, multiple Dünndarmcarcinome, Hypernephrom, Leiomyom des Magens, des Oesophagus, ein Angioma cavernosum des Schädeldachs und diffuse Wucherungen von Leberzellen und Epithelien der Harnkanälchen.

Das Problem solcher multiplen Tumoren hat von BILLROTH angefangen, über HARBITZ, EGLI, RÖSSLE, HEDINGER u. a. die Geschwulstforscher immer in besonderem Maße erregt und allen Geschwulsttheorien erhebliche Schwierigkeiten der Deutung bereitet, sofern sie sich überhaupt mit dieser Frage auseinandergesetzt haben.

Im Rahmen der Mutationstheorie wäre unseres Erachtens nur die eine Deutung befriedigend, die solche multiple Tumoren verschiedener Gewebe auf dem Boden einer über alle Zellen sich erstreckenden, *allgemeinen, erhöhten Mutationsbereitschaft* sich entwickeln denkt. Es fragt sich nur, ob sich für eine solche Annahme wenigstens einigermaßen Anhaltspunkte finden lassen.

Vielleicht gibt die Geschwulstmorphologie selbst weitere Fingerzeige durch den Nachweis, daß jene Fälle neben ihren multiplen Tumoren sehr oft noch eine Fülle anderer Störungen, wie *Hemmungs- und Gewebsmißbildungen* aufweisen. Diese Mißbildungen pflegen dabei ziemlich gleichförmig zu sein: ,,Anomalien der Oberflächengestaltung und der Form der Organe, pathologische Kerben und Furchungen, über- und unterzählige Lappenbildungen, Versprengungen von Organteilchen . . ., Hypoplasien . . ., abnorme Gefäßversorgung, sonstige Exzesse und Hemmungen der Entwicklung, embryonale Verschiebung der Organe." (RÖSSLE, l. c.)

Man wird wohl nicht fehlgehen, wenn man annimmt, daß bei solchen ,,ausgeprägten Tumormenschen", wie sie RÖSSLE nannte, die allgemeine Geschwulstbereitschaft zusammen mit der Neigung

---

[1] RÖSSLE, R.: Multiple Tumoren und ihre Bedeutung für die Frage der konstitutionellen Entstehungsbedingungen der Geschwülste. Zeitschr. f. d. ges. Anat., Abt. 2: Zeitschr. f. Konstitutionslehre 1920. 127—145.

[2] HEDINGER, E: Über Multiplizität von Geschwülsten usw. Schweiz. med. Wochenschr. 1923. Nr. 44, 1016.

zu Fehlbildungen aller Art bis an die ersten Stufen der Entwicklung, also bis zur Eizelle, zurückreicht, denn nur eine befruchtete Eizelle mit einer abnormen Chromosomenkonstitution und damit mit einer gewissen „Tendenz zu mutieren", kann allen oder wenigstens mehreren verschiedenen Geweben und Organen eine solche erhöhte Mutationsbereitschaft zuerteilen.

Dafür, daß eine solche Möglichkeit durchaus diskutabel ist, seien zwei prinzipiell höchst beachtliche Tumorerfahrungen angeführt.

POLL[1] fand bei den außerordentlich seltenen Vogelmischlingen zwischen Pfauhahn und Perlhenne maligne Zwischenzellengeschwülste des Hodens, und zwar bei Bruderhähnen. POLL weist bereits ausdrücklich auf die Beziehung zwischen Geschwulstbildung und „Umgestalten der Erbmasse" auf dem Wege über die „Disharmonie der biologischen Verbindungen" hin und sieht mit Recht um so mehr in dem „hybrid konstituierten Kern" eine wesentliche Vorbedingung für die Geschwulstentstehung, als auch eine morphologisch durchaus analoge Beobachtung gleichartiger Geschwülste beim Menschen von KAUFMANN[2] gleichfalls ein Brüderpaar betraf.

Bei den Vogelmischlingen ist die Beziehung zwischen Nichtabgestimmtsein der beiderseitigen Erbmassen und der Geschwulstentstehung offenkundig. Es fehlt aber noch die Brücke zum Menschen und zu den multiplen Tumoren.

Diejenige Konstitutionsanomalie bei Menschen, von der wir nach Analogie zahlreicher Erfahrungen der Biologie wohl sagen dürfen, daß irgendwie nicht zusammenpassende Erbmassen der Eltern als Ursache der Mißbildung angeschuldigt werden dürfen, ist das *Zwittertum*. Dieses Zwittertum ist aber zugleich stets durch eine Fülle von Hemmungsmißbildungen und häufig durch eine ausgesprochene Neigung zu multipler Geschwulstbildung ausgezeichnet. Ein solches Zwittertum entsteht primär dadurch, daß die betreffenden Gene „quantitativ nicht richtig aufeinander abgestimmt sind" und das Maß der Zwitterigkeit ist „genau proportional der Höhe dieser quantitativen Unstimmigkeit" (GOLDSCHMIDT, l. c., S. 498).

---

[1] POLL, H.: Zwischenzellengeschwülste des Hodens bei Vogelmischlingen. Zieglers Beitr. z. pathol. Anat. 67, 40. 1920.

[2] KAUFMANN, E.: Über Zwischenzellengeschwülste des Hodens. Verhandl. d. dtsch. pathol. Ges. 11. 1907.

Es leuchtet ohne weiteres ein, daß Zellen mit einem abnorm konstituierten Chromosomensortiment erheblich mehr zu Störungen der Zellteilung und damit in verschiedenen Geweben zu Mutationen neigen müßten. An welchen Stellen dann gerade die Geschwülste auftreten, liegt dann mehr an den zufälligen Außeneinwirkungen, als an den Geweben selbst. Ferner wäre es entsprechend dem abnormen Chromosomen- und damit abnormen Genbestand auch ohne weiteres verständlich, daß auch in den von den betreffenden Genen regulierten Entwicklungsvorgängen Hemmungen und Störungen auftreten würden.

Doch möge auch die formale Erklärung für diese multiplen Tumoren verschiedener Gewebe so oder so ausfallen, an der endogenen Bedingtheit selbst ist bei der Kombination mit den anderen Fehlbildungen nicht zu zweifeln. Und wenn wir nur die Tumorfälle eineiiger Zwillinge und die erblichen systematisierten Geschwulstformen in Rechnung stellen, so ist schon damit allein erwiesen, daß die erbkonstitutionelle Bedingtheit in Form von verschiedenartigen Gewebsminderwertigkeiten bei zahlreichen Beispielen entscheidend mit in Rechnung zu stellen ist.

Sehen wir nun noch zu, inwieweit die experimentelle Geschwulstforschung unsere Vorstellungen von der Ätiologie der Geschwülste beeinflußt oder ändert.

4. Experimentelle Geschwulstforschung.

So sehr auf den ersten Blick das Experiment nur die äußeren Geschwulstnoxen zu untersuchen scheint, so hat es doch auch für die *endogenen Bedingungen* der Geschwulsterzeugbarkeit wichtige Ergebnisse gezeitigt.

Es hat sich nämlich gezeigt, daß zunächst einmal die einzelnen Tierarten gegen die gleiche „Krebsnoxe" verschieden reagieren („*Artdisposition*"). Meerschweinchen bekommen z. B. im Gegensatz zu Kaninchen (80% positive Resultate ITCHIKAVA!) und Mäusen überhaupt kein, Ratten nur schwer Teercarcinome.

Aber auch innerhalb der gleichen Art bestehen wichtige Unterschiede zwischen einzelnen Tierstämmen hinsichtlich ihrer Empfänglichkeit z. B. für Tumortransplantationen, Teerkrebse, parasitär ausgelöste Tumorbildungen, wie das z. B. bei den Ratten FIBIGERS der Fall ist (*Rassendisposition*).

Darüber hinaus wollen amerikanische Autoren (z. B. SLYE[1], LOEB) speziell für die Maus sogar noch eine monohybrid mendelnde *Individualdisposition* festgestellt haben, doch ist diese Frage noch umstritten (vgl. z. B. A. COULON und BOEZ[2]).

Kurzum, es kann keinem Zweifel unterliegen, daß auch bei Tieren endogene Faktoren eine wichtige Rolle spielen. Man kann aber, wenn man als Vererbungsbiologe vorsichtig sein will, und die Mediziner sollten in diesen Fragen nicht päpstlicher als der Papst sein wollen, von den erblichen Grundlagen nur so viel sagen: es gibt fraglos bei allen Organismen uni- oder plurifaktoriell bedingte Gewebsanomalien, die zusammen mit äußeren Einwirkungen die Entstehung von Geschwülsten begünstigen. In seltenen Fällen (Xeroderma pigmentosum, Polyposis intestini, Neurofibromatose) ist die Anlage allerdings so bedeutsam, daß schon die physiologischen Umweltsbedingungen, wie Tageslicht usw. genügen, um die Umwandlung von Geweben zu den verhängnisvollen Hyperplasien und von da zu den schließlich unausbleiblichen Mutationen zu erzwingen.

Bedeutend vielseitiger sind natürlich die Ergebnisse nach der *exogenen* Richtung.

Die angewandten Mittel, um eine Geschwulst experimentell zu erzeugen, sind außerordentlich vielgestaltig. Bald handelt es sich, wie bei den Rattencarcinomen FIBIGERs, um die Einwirkung von *Parasiten* (bei FIBIGER um die Spiroptera neoplastica), bald um *chemische Reizstoffe*, wie bei den Teerölen YAMAGIVAS, ISHIKAVAS, BORSTS usw., oder bei den Anilinfarbstoffen B. FISCHERs, den Eiweißspaltprodukten von WACKER, SCHMINCKE und BORST oder von Paraffin und Arsenik nach LEITCH und KENNAWAY oder um *aktinische Faktoren* wie bei den Röntgencarcinomen an Kaninchen nach BLOCH.

Wäre die Mutationstheorie eine kausale Theorie, so würde sie an der Vielgestaltigkeit der exogenen Faktoren, die experimentelle Geschwülste hervorrufen, scheitern. Es ist aber bei der gesamten

---

[1] SLYE, M.: Biological evidence for the inheritability of cancer in man. Studies in the incidance and inheritability of spontaneous tumors in mice. Journ. of Cancer Research 7, 107—147. 1923.

[2] DE COULON, A. et BOEZ, L.: Contribution à l'étude de l'hérédité cancereuse chez la souris. Bull. d. l'assoc. franc. pour l'étude du cancer 18, 511—527. 1924.

Anwendung der Mutationstheorie auf die allgemeine Ätiologie.

experimentellen Geschwulstforschung von nicht genug zu betonender grundsätzlicher Wichtigkeit,

1. daß alle jene „krebserzeugenden Mittel" nur Mittel einer intensiven Zellreizung sind,
2. daß keiner dieser Reize für irgendeine Geschwulstform spezifisch ist,
3. daß sie formalgenetisch sich alle einheitlich in einer überstürzten Zellproliferation auswirken.

Daß alle *Krebsreize nicht spezifisch* für eine bestimmte Geschwulst sind, geht schon daraus hervor, daß man bei Teerölen bei andersartiger Applikation als der Pinselung auf die Haut, z. B. durch intraperitoneale Injektion Sarkom (LÖWENTHAL[1]), ja sogar aus embryonalem Milzgewebe, welches im Plasma von intravenös teerbehandelten Tieren gezüchtet wurde, in vitro Hühnersarkom erzeugte (H. LASER[2]).

Die Reizentzündung, die überhastete Zellproliferation mit ihren fortgesetzten Zellteilungen führen bald zu Zellatypien und abnormen Zellteilungen. Die Zuteilung abnormer Gen- und Chromosomensätze als Ausdruck einer faktoriellen und chromosomalen Mutation ist dann nur eine Frage der Zeit einerseits und der speziellen Beschaffenheit des betreffenden Tierorganismus andererseits. Je überstürzter aber diese Zellteilungen vor sich gehen, und je mehr bei dieser Gelegenheit körperfremde und ortsfremde Stoffe einwirken, um so größer ist die Wahrscheinlichkeit, daß unter vielen, vielen Zellteilungen gelegentlich einmal *eine* Zellteilung nicht der Norm entsprechend abläuft und zu einer abnormen Chromosomenkombination führt.

Daraus ergibt sich aber sogleich noch eine *letzte grundsätzliche Frage* der kausalen Genese, *die Rolle des Zufalls* oder das „Lotterie-moment" der Geschwulstentstehung, wie es BOVERI durch einen guten Vergleich umschrieben hat. Diese Frage wirft zugleich einiges Licht auf die Möglichkeiten einer wirksamen Vorbeugung und auf die Aussichten der unblutigen Geschwulstbehandlung.

---

[1] LÖWENTHAL, K.: Experimentelle Erzeugung von Sarkomen durch intraperitoneale Teerölinjektionen bei der Maus. Klin. Wochenschr. 1925. Nr. 30, 1955.

[2] LASER, H.: Erzeugung eines Hühnersarkoms in vitro. Klin. Wochenschr. 1927. Nr. 15, 698.

5. Zufallsgeschehen bei der Geschwulstbildung und praktische Ausblicke.

Was mit der *Rolle des Zufalls* gemeint ist, sei zunächst an einigen Beispielen erläutert. 1000 Menschen haben irgendwelche „präcarcinomatöse" Zustände, aber nur einer bekommt auf der Grundlage einer solchen „vorgängigen Veränderung" sein Carcinom. Alle Menschen haben ihre zahlreichen physiologischen Engen mit ihrer gesteigerten Regeneration usw., und so gesetzmäßig die Lokalisation z. B. von Darmtumoren an den Engen dann ist, wenn eine Geschwulst auftritt, so blind erscheint der Zufall bei der Wahl des Menschen, der am Darmkrebs erkrankt.

Beim Xerodermakranken ist die ganze Haut pathologisch verändert, das Hautcarcinom beginnt aber nicht überall zugleich, sondern zunächst nur an einer einzigen Stelle. Warum entsteht es nun gerade an dieser Stelle?

Oder ein anderes Beispiel der exogenen Ursachenreihe. Die Röntgenschädigung trifft stets eine größere Körperregion, Millionen Zellen werden getroffen, aber nur eine mutiert zur Carcinomzelle.

Dieses beliebig weiter variierbare Zufallsmoment findet außer bei BOVERI in keiner bisherigen Theorie seine Berücksichtigung. Die Mutationstheorie hat auch hierin keine Schwierigkeiten. Wir wissen gerade aus der Vererbungslehre, daß bei einer ganzen Reihe äußerlich scheinbar ganz einheitlicher Eigenschaften z. B. Pigmentbildung, Blutgerinnung und dergleichen, eine Reihe von Faktoren nötig sind, um das Merkmal oder die betreffende Eigenart voll auszuprägen. Fehlt z. B. unter den die Blutgerinnung determinierenden Faktoren (Blutplättchen, Calciumgehalt, Thrombogen usw.) nur der eine Faktor für Thrombokinase, so genügen die anderen Faktoren, auch wenn sie normal sind, allein noch nicht, es müssen erst *alle* Faktoren zusammenwirken, wenn das einheitliche Merkmal erscheinen soll. Das *Zufallsmoment* ist eine *Funktion der großen Zahl von Einzelfaktoren*, die im Durchschnittsfall *zusammentreffen* müssen, wenn der Effekt einer Geschwulstmutation einer Zelle zustande kommen soll.

Der Effekt hängt im Durchschnittsfall ab von einer endogenen Bereitschaft, einer exogenen Einwirkung, einer genügend langen Dauer, einer gewissen, einen Schwellenwert übersteigenden und unter der direkten Zerstörung bleibenden Intensität, einer großen

Flächenausdehnung der Einwirkung, einer weitgehenden Zellproliferation, einer gestörten Regeneration, dann erst kommt es zu Mutationen, aber unter den *zahlreichen* Mutationen sind nicht alle lebensfähig und nur *wenige* bedingen erhöhte Existenzfähigkeit und autonomes Wachstum, und nur *eine* ist schließlich imstande, der Zelle gerade alle jene Faktoren mitzugeben, die sie zu autodestruktivem Wachstum befähigen.

Wäre es nur *ein* ausschlaggebender Faktor, so müßte bei seiner Anwesenheit in 100% der Fälle Geschwulst entstehen, bei zwei ist das Zusammentreffen schon seltener, bei vier und fünf wird die Wahrscheinlichkeit noch geringer. Umgekehrt aber wird, wie beim Eisenbahnverkehr die Wahrscheinlichkeit eines Eisenbahnunglückes mit zunehmendem Verkehr, zunehmendem Alter des Materials, Steigerung der Geschwindigkeiten, Häufigkeit äußerer Störungen steigt, auch beim Einzelmenschen mit der Steigerung der Abnutzungsvorgänge, Erhöhung der Regeneration, bei Erschöpfung des Materiales im Alter und bei zunehmender Dauer, Intensität und Flächenausdehnung von schädlichen Einwirkungen die Wahrscheinlichkeit soweit steigen, daß sie dann in Einzelfällen einen sehr hohen Grad und schließlich Gewißheit erreicht.

Es erscheint daher schließlich nur wie eine Bestätigung des Gesagten, daß bei der relativen Konstanz der Außenbedingungen des Lebens, ferner bei der Konstanz der in der menschlichen Erbmasse gegebenen Innenbedingungen auch die *Krebssterblichkeit* bei Berücksichtigung der Fehlerquellen *eine konstante* darstellt (vgl. AEBLY[1]). Und genau so wie man im Verhältnis zur Zahl der Züge die jährliche Quote an Eisenbahnunglücken jeglicher Art, wie man die Selbstmorde mit ihrer endogenen Bedingtheit und exogenen Auslösung zahlenmäßig fast wie eine Mondfinsternis vorausberechnen kann, so ist auch, gemessen an der Zahl und Alterszusammensetzung einer Bevölkerung die Krebssterblichkeit eine konstante und genau vorauszuberechnende Größe.

Diese Tatsache allein schon widerlegt ganz entschieden jede Behauptung einer einzigen und ausschließlichen „Krebsursache", sie spricht andererseits ebenso entschieden für eine Bedingtheit durch zahlreiche äußere und innere Faktoren, welch letztere be-

---

[1] AEBLY, J.: Über die Stabilität der Krebsmortalität usw. Schweiz. med. Wochenschr. 1924. Nr. 41, 42—946.

sonders im großen und ganzen der direkten Beeinflussung entzogen sein dürften. Auch die Tatsache, daß die Tumorhäufigkeit bei Tieren bei domestizierten und bei wilden Arten, und beim Menschen bei Natur- und bei Kulturvölkern gleich ist, spricht im gleichen Sinne gegen jede Überschätzung der exogenen Faktoren und rückt eher die endogenen in den Vordergrund.

Da die äußeren Einwirkungen nie vom Organismus entfernt gehalten werden können, da im Organismus selbst Abnutzung, Reizzustände da und dort unvermeidbar sind, da endogene krebsbegünstigende Faktoren nicht ausmerzbar sind, so dürfte demnach auch eine effektive *kausale Prophylaxe* wohl stets ausgeschlossen sein.

Eine andere Frage wäre die, ob rein *formal* und cellulär die *Mutation verhütet* werden kann. Auch diese Frage zwingt bei der dauernden Regeneration zahlloser Gewebe und Organe zu Resignation, wenn es auch prinzipiell verheißungsvoll erscheinen möchte, daß wir mit dem Augenblick, wo wir Mutationen experimentell erzeugen gelernt haben, eine größere Chance haben sollten, auch Mutationen zu unterdrücken und zu verhüten. Aber auch hier ist die Vielgestaltigkeit der kausalen Faktoren ein wohl unübersteigliches Hindernis.

Um so optimistischer dürfte — im Prinzip — die *Heilbarkeit* der einmal entstandenen Geschwulst, besonders der malignen zu beurteilen sein.

An sich berechtigt bereits die Tatsache, daß Einzelfälle von Krebs geheilt sind, zur Hoffnung, daß einst jeder Krebs, wenigstens jeder Frühkrebs, der noch nicht Lebenswichtiges zerstört hat, wird geheilt werden können.

Diese Hoffnung wird ferner noch dadurch besonders genährt, daß das wirksamste unblutige Heilmittel, das Röntgen- und Radiumlicht, dadurch, daß es in *einer* Anwendungsform Mutationen in Keimzellen und in Körperzellen Krebs erzeugt und in anderer Form Krebs heilt, seine besondere Affinität zu photomechanischen Einwirkungen auf das Zellgeschehen der Tumoren dargetan hat.

Ist nun wirklich die Krebsentstehung identisch mit einer *Mutation im Gen- und Chromosomenbestand einer Somazelle*, so ergeben sich daraus — abgesehen von der großen zusammenfassenden Erklärungskraft dieser Theorie — eine Reihe von Konsequenzen für

Anwendung der Mutationstheorie auf die allgemeine Ätiologie. 69

die praktische Krebsbehandlung, und der Erfolg oder Mißerfolg wird zum Prüfstein für die Richtigkeit der Theorie. Ist die Mutationstheorie richtig, so ist es z. B. sicher falsch, für die Röntgendosis Carcinom gleich Carcinom, Sarkom gleich Sarkom zu setzen. Genau so wie von den Keimzellen her die Erbfaktorenkombination die Individualität eines Menschen bestimmt, so bestimmt der Gengehalt Spezies-, Artcharakter und Individualität jedes Tumors. Mit anderen Worten, auch jeder Krebs will, wie jeder Mensch, nicht summarisch nach *einem* Schema, sondern gewissermaßen *individuell* behandelt sein.

Bei der übergroßen Bedeutung der Zellteilung erscheint es geradezu sicher, daß bei jedem Einzelfall z. B. die systematische Berücksichtigung des Zellteilungstyps und der Zellteilungsgeschwindigkeit einen Fortschritt bedeuten müßte. Die Zellteilungsgeschwindigkeit in einem scirrhösen Krebs mit seinen spärlichen Kernteilungen und in einem Medullarkrebs mit seinen zahllosen Kernteilungsfiguren ist grundverschieden.

Es erscheint nach der Mutationstheorie weiterhin im Prinzip verkehrt, die therapeutische Dosis in *einer* Sitzung zu geben. Wenn Röntgenstrahlen eine Mutation *erzeugen*, so nur während der karyokinetischen als der einzig radiosensiblen Phase. Wenn Röntgenstrahlen eine Krebszelle *vernichten*, so gleichfalls nur während der Teilungsphase. Es kann also nur bei *mehrfachen oder zahlreichen Sitzungen* die Chance, daß alle Zellen gerade einmal in der Teilungsphase getroffen werden, wesentlich erhöht werden. Nur in ganz seltenen Fällen einmal wird in *einer* Sitzung, z. B. in drei Abteilungen in 2—3 Tagen, alles Carcinomgewebe abgetötet werden, wenn nämlich bei stürmischer Teilung alle Zellen in dieser kurzen Zeitspanne zugleich in Vorbereitung, Höhepunkt oder Nachspiel der Teilung waren. So ist es sicher kein Zufall, daß der günstigste Röntgenerfolg der Göttinger Klinik einen großen, inoperablen Mammakrebs betraf, dessen mikroskopische Bilder von Kernteilungsfiguren geradezu übersät waren.

Ist die Mutationstheorie richtig, so ist der zeitliche Rhythmus der Zellteilungen bei der gleichen Geschwulst weitgehend konstant, bei verschiedenen Geschwülsten ganz verschieden. Die zeitliche *Aufeinanderfolge der Einzelbestrahlungen* müßte sich daher allein nach der Zellteilungsgeschwindigkeit in der betreffenden Geschwulst, d. h. nach dem Reichtum an Kernteilungsfiguren, für den der „Index der karyokinetischen Aktivität" nach FORESTIER (Verhältnis der sich teilenden zu den ruhenden Zellen) ein objektives Maß abgibt, richten. Ein Tumor, der kaum Zellteilungen erkennen läßt, verlangt viel größere Intervalle, als ein markiger Tumor, in dem jede dritte Zelle sich eben teilt.

Noch immer waren es unsere Vorstellungen vom Wesen und von der Entstehung von Krankheiten, die unser Handeln beeinflussen. Ganz ohne Rückwirkung dürfte dann auch unsere Betrachtungsweise nicht bleiben, sofern wenigstens ihr Kern sich als richtig erweist.

B. Schluß.

Das Vorkommen von Geschwülsten in allen Organen und Geweben, bei allen Pflanzen und Tieren beweist, daß die Geschwulstfrage ein *Problem der allgemeinen Biologie ist*. Stellen wir uns aber erst einmal auf den Standpunkt der Biologie und suchen jenen Sonderfall im Lebensgeschehen der Organismen einzuordnen in den größeren allgemeinen Rahmen, so zeigt sich bald, daß die *gen-biologische Betrachtungsweise* nur das Endglied einer eindeutigen historischen, die Fortschritte der Biologie widerspiegelnden Entwicklungslinie darstellt. Diese Linie ist gekennzeichnet durch die Suche nach dem *Sitz der Geschwulsteigenschaft*, nach dem stofflichen Substrat, an das das Wesen der Geschwulst gebunden erscheint.

Es war wie ein erster Anfang biologischen Denkens, als die Geschwulst nicht mehr als eine Art körperfremder, tierischer Parasit, sondern als etwas *Körpereigenes* angesehen wurde. Die Gewebelehre BICHATs als Beginn einer wissenschaftlichen Betrachtung lehrt die Geschwulst als ein zusammengesetztes *Gewebe* verstehen. Die Zellenlehre SCHWANNs und Cellularpathologie VIRCHOWs erhob die Geschwulstfrage zu einem *Zellproblem*. Die Zelle als „wirklich das letzte Formelement aller lebendigen Erscheinung" war zugleich die letzte stoffliche Einheit, an die die Geschwulsteigenschaft gebunden erschien. Aber auch bei der cellulären Betrachtungsweise bleibt immer noch ein größerer Rest auch des rein formal nicht Erklärbaren.

So ging man denn bald über die Zelle hinaus. KLEBS, HANSEMANN u. a. brachten Material dafür bei, daß nicht die Zelle als Ganzes, sondern nur der *Zellkern* als Träger der Geschwulsteigenschaft der Zelle anzusehen sei, man sprach geradezu von einer Nuclearpathologie der Geschwülste. Im Zellkern wiederum hat man alsbald die *Chromosomen* als Sitz der entscheidenden Veränderung angenommen (HANSEMANN, BOVERI). Die Chromosomen sind zwar im Zellkern ungemein wichtige Gebilde, aber sich verhalten sich bloß wie ein Bataillon zu seinen Soldaten, sie sind taktische Einheiten, die als geschlossene Formation einer größeren Zahl von Einzelgliedern deren Bewegungen erleichtern und summativ wirken, die letzten entscheidenden funktionellen Einheiten aber sind auch sie noch nicht.

Aber ebenso wie heute in der Welt des Unbelebten das Atom, ehemals die letzte, unteilbare Einheit, nicht mehr ein Letztes, Unteilbares darstellt, sondern sich, wie GRAETZ sagt, als ein Planetensystem von Elektronen erweist und ,,komplizierter gebaut ist wie ein Steinwegflügel", so hat auch die Biologie die letzte, unteilbare Einheit der Zelle aufgelöst in ein großes System qualitativ verschiedener und verschieden wirksamer neuer Elementareinheiten, der *Gene*.

Und wie die normalen Gene als enzymartig wirkende Stoffe die letzten Antriebskräfte aller Zellfunktionen darstellen, so sind *mutierte Gene somatischer Zellen die letzten Träger der Geschwulsteigenschaften*.

Es ist aber vielleicht weniger der letzte, heute gangbare Schritt zur letzten und kleinsten stofflichen Einheit für die Geschwulsteigenschaften, der unsere Betrachtungsweise kennzeichnet, als vielmehr der *einheitliche biologische Gesichtspunkt der formalen Genese* der Geschwülste, nämlich die Geschwulstbildung als Genänderung, als *Mutation somatischer Zellen*, der unserer Deutung seinen Stempel aufdrückt, denn mit der Mutationstheorie gewinnen wir zugleich den Anschluß an ein großes Tatsachen- und neues Forschungsgebiet der allgemeinen Biologie. Selbstverständlich tauchen damit zugleich zahlreiche neue Fragen auf, es erscheint aber nur als ein grundsätzlicher Vorteil, wenn Fragen der Geschwulstbildung im Rahmen derjenigen Erscheinungen untersucht werden, zu denen die Geschwulstbildung ihrem Wesen nach letzten Endes gehört.

Nicht die ,,Vererbung des Krebses" ist also das Geschwulstproblem der Vererbungslehre und Biologie, sondern die Frage nach dem letzten stofflichen Substrat der spezifischen Geschwulsteigenschaften und nach dem biologischen Vorgang bei der Neuentstehung jener Eigenschaften auf dem Wege über die *Mutation von Genen somatischer Zellen*.

So liegt die *genbiologische Betrachtungsweise der Geschwülste* und die *Mutationstheorie der Geschwulstentstehung* vollkommen in der Linie der Entwicklung unserer biologischen Vorstellungen von den stofflichen Einheiten, an die Leben und Lebensfunktionen der Organismen gebunden sind.

Darin liegt aber zugleich das Wesen ihrer Erklärungskraft und die Bürgschaft für ihre Gültigkeit.

MIX
Papier aus verantwortungsvollen Quellen
Paper from responsible sources
FSC® C105338

If you have any concerns about our products,
you can contact us on
ProductSafety@springernature.com

In case Publisher is established outside the EU,
the EU authorized representative is:
**Springer Nature Customer Service Center GmbH
Europaplatz 3, 69115 Heidelberg, Germany**

Printed by Libri Plureos GmbH
in Hamburg, Germany